赖特的室内设计与装饰艺术

Frank Lloyd Wright

The Rooms Interiors and Decorative Arts

罗森鲍姆住宅，亚拉巴马州，1939年

赖特的室内设计与装饰艺术

Frank Lloyd Wright

The Rooms Interiors and Decorative Arts

[美] 　艾伦·维恩特劳伯　　摄影
　　　　玛格·斯蒂普　　　　撰文
　　　　戴维·A·汉克斯　　　前言

　杨鹏　译

中国建筑工业出版社

本书集中展示了美国建筑大师赖特充满温暖气息和精妙设计的室内空间。赖特从现代建筑的早期就倡导"整体艺术"。他从不满足于用现成的手法满足房间的使用需求，而是为特定的空间创造出它需要的东西。他的一整套建筑风格和细部的语言，涵盖了桌椅、沙发、书架、橱柜等家具、地毯、壁画、脚线和灯具，以及门窗上的彩色镶嵌玻璃（"光屏"）。在60多年的职业生涯里，他的室内设计手法渐趋完善，清晰地展现在每一件作品里。

从赖特早期在橡树园的自宅、庄严典雅的马丁住宅（它以"生命之树"和"紫藤"为母题的艺术玻璃久负盛名），到他晚年为儿子戴维·赖特设计的圆弧形住宅，这本书为读者提供了赖特在室内设计和装饰艺术方面的完整画卷。其中详尽介绍了赖特最重要的一些代表作，包括戴纳住宅（以"蝴蝶母题"艺术玻璃著称）、位于洛杉矶的蜀葵住宅（富有古代中美洲阿兹特克的文化气息），以及诗情画意的流水别墅。

作者简介

艾伦·维恩特劳伯（Alan Weintraub），著名摄影师，专注于拍摄现代建筑经典。已出版赖特、尼迈耶和劳特纳等建筑大师的作品集。

玛格·斯蒂普（Margo Stipe），任职于西塔里埃森的的赖特基金会（Frank Lloyd Wright Foundation）。

戴维·A·汉克斯（David·A·Hanks），著名现代建筑史学家，1979年出版了专著《赖特的装饰艺术》（The Decorative arts of Frank Lloyd Wright）。曾任职于芝加哥美术学院、费城博物馆。

译者

杨鹏，毕业于清华大学、美国明尼苏达大学，先后任职于美国Perkins+Will事务所、华清安地建筑设计有限责任公司，现任教于中国人民大学艺术学院设计系，主要研究方向为20世纪现代建筑。

其他学术译著：
《一部自传——弗兰克·劳埃德·赖特》
《埃拉蒂奥·迪埃斯特——结构艺术的创造力》
《20世纪经典建筑（平面、剖面及立面）》
《格兰·莫卡特谈话录——华盛顿大学建筑系大师班设计课》
《星际唱片——致外星生命的地球档案》

目录

丰盛的家——译者序   6

前言   8

简介   11

赖特的生平与事业   17

以大自然为师   20
建筑的"整体艺术"   26
灵感的源泉   30
重新定义的空间   34

作品   42

橡树园的自宅与工作室   45

草原住宅   53

草原住宅的家具   56
艺术玻璃   62
苏珊·劳伦斯–戴纳住宅   68
马丁住宅   74
库恩利住宅   78
罗比住宅   82
迈耶·梅住宅   86

事业间歇期的装饰高峰：1910–1924年   145

中路花园   148
新帝国饭店   152
巴恩斯道住宅   160
混凝土砌块住宅   166
梅拉德住宅   168

恩尼斯住宅   170
弗里曼住宅   174
斯托尔住宅   176

动荡岁月的低潮与复兴：1922–1940年   181

考夫曼住宅   182
约翰逊住宅   194
尤松尼亚住宅   198
雅各布斯住宅   200
尤松尼亚住宅的手法变奏   204

辉煌的终曲：1945–1959年   265

阿德尔曼住宅   266
汤肯斯住宅   268
帕普斯住宅   272
崔西住宅   274
卡利尔住宅   276
特凯尔住宅   280
帕尔默住宅   282
戴维·赖特住宅   288
"尤松尼亚风格的精华"展览   292

建筑师的家——塔里埃森与西塔里埃森   297

塔里埃森   298
西塔里埃森   316

结语   329
附录   332
致谢   335
图片声明   335

丰盛的家

——译者序

赖特非常推崇的英国诗人兼画家威廉·布莱克（William Blake），尤其赞赏他的诗句："丰盛即美"（Exuberance is Beauty），时常在自己撰写的文章中引用。以我的理解，他所强调的"丰盛"主要体现在两方面，一方面是建筑要容纳丰盛的生活细节，另一方面，赏心悦目的视觉形式应当有丰盛的层次变化。

没有对比就没有理解。

"丰盛即美"，显然不是所有建筑大师都认同的"原则"（Principle）。密斯的"范思沃斯住宅"，安藤忠雄的"小筱邸"，虽然一个是玻璃与钢，另一个是纯粹的混凝土，但是它们都具有禅院一般的静谧超然。我个人认为，它们本质上仍是雕塑和绘画结合的艺术品，只不过以空间作为原料，产生的感染力远远超越了博物馆里的艺术品。或者说，这一类建筑杰作就像是工艺精良的烈酒，在平淡生活中是绝佳的点缀。

走到另一个极端，如果只需要一个宽敞明亮、功能方面体贴入微的家，全世界大多数合格的建筑师，都可以胜任。但是他们的作品，离赏心悦目毕竟有很大的距离，只是一瓶纯净水而已。

回到赖特。从纯粹的功能角度，赖特的作品总是偏离正宗的功能主义，显得不够"理性"；从纯粹的形式角度，也算不上极致的惊奇曼妙。他既不"酿酒"也不"出售纯净水"，他擅长制作独门配方的"奶茶"。质地上乘的红茶、牛奶，再加入少许调料，混为一物，味道微妙醇厚——更重要的是，完全可以每日常饮，健康和美味兼得。

他毕生的大约400座建成的住宅作品，大多数业主是美国最普通的中产阶级。这些住宅不是供主人偶尔消遣或接待客人的舞台，而是容纳每日喜怒哀乐的家。本书中提到威利茨住宅、帕尔默住宅、莫斯博格住宅、齐默尔曼住宅和崔西住宅，主人在里面都平静地生活了40多年，从中年直到耄耋。这样的赖特业主名单，还可以继续开列下去。

除了赖特，有多少现代建筑大师，愿意花费精力设计厨房的采光、暖气散热片的位置、墙上摆放饰物的固定隔板呢？关键在于，这些细节非但不会在美学方面"添乱"，反而是整体构图很重要的一部分。家具、灯具、门窗、摆件，相似的母题以多种材料，在不同部位变奏，相互咬合，组成一幅巨大的拼图。丰盛的建筑并不复杂，更没有矛盾。它就像巴赫的音乐，是统一的整体，又有微妙的变化。无论是专业设计师还是艺术爱好者，读者们看完这本书，不妨设想，自己是否愿意长久生活在赖特设计的某一个住宅里。

然而，在赖特去世60多年后的今天，他的那些设计手法，还有多大的实践意义？虽然精美，是否只剩下历史文献性的价值呢？

在此仅举一例。建成于1906年的马丁住宅，室内的每一根结构柱都被拆分为四根细的柱子，分置于一个正方形的四角，围成一组中空的"束柱"。暖气散热片隐蔽在"束柱"的空腔里，相邻的两根细柱之间，很自然地做成书柜。此外，和普通的柱子相比，"束柱"的体量更大，在起居室和餐厅之间形成明显的分区，同时保持空间的流动通透。

让柱子或者屋顶、窗子或者楼梯，承担"丰盛"的多重角色，这不仅仅是具体的手法，而是一种深刻的思维方式。一百多年前，它被成功地用在私家住宅里。一百多年后，由此生发的技巧，也可以用于数万平方米的学校、旅馆或者剧场——令人遗憾的是，这方面的实例并不太多。如此说来，后辈建筑师的想象力、掌控细节的能力，果然有实质性的突破吗？

从十几年前的世纪之交开始，国际学术界对赖特的研究，出现了又一轮小高潮。研究赖特的作品和思想，俨然已经是现代建筑史的一个独立分支。本书提到的许多建筑，例如马丁住宅、罗森鲍姆住宅、帕尔默住宅等，都有专门研究的单行本。但是这并不妨碍本书的价值，尤其是在当下的中国建筑界，对于赖特的理解，基本上仍停留在流水别墅、古根海姆博物馆，和草原住宅的大屋顶，至多再加上某些逸闻，例如空间低矮或者屋顶漏水。我相信，这本书丰富的文字信息、精彩的照片，会给读者们带来生趣盎然的灵感。

这本书的中文版可以面世，需要感谢中国建筑工业出版社的段宁、戴静两位编辑，和版权代理范根定先生。

正文中各节的尾注，均为译者添加。封面与封底，也值得稍作强调。中文版沿用了英文原版，分别是赖特一个代表作的室内照片。封面是位于洛杉矶的斯托尔住宅，于1923年建成，整座建筑是由带模压图案的混凝土砌块建成。照片左上角的装饰物，是古希腊的无头带翼女神的缩小仿制品。赖特非常钟爱这件雕塑，在多个住宅中都"推荐"（要求）业主摆放在室内的关键位置。与古为徒，是赖特毫不掩饰的诀窍之一。

封底是赖特自己在芝加哥郊外的家，于1895年建成。照片上高大华丽的空间，只是家庭幼儿园而已。赖特自己的6个孩子和邻居们的孩子，在半圆形的拱顶下尽情玩耍。屋顶中央巨大的天窗，就像一件图案精美的首饰。山墙上是由赖特拟定创意，请一位画家朋友绘制的《渔夫与魔鬼的故事》。说到当下很时髦的话题：美育从生活细节做起、从娃娃抓起，还在19世纪的赖特似乎已经做到了极致。

杨鹏

2018年3月
北京　三义庙

前言

戴维 · A · 汉克斯

在这本书中，作者玛格·斯蒂普的研究，聚焦于赖特的室内设计与装饰艺术，让我们对赖特作品的这些重要方面有了新的认识。她细腻的文字，与摄影家艾伦·维恩特劳伯精彩的照片珠联璧合。书中的绝大多数照片，是作品建成数十年甚至上百年之后的室内现状，依然保持着优雅的构图、丰富的色彩与材料质感。装饰细节与建筑的外观、室内空间，三者形成了密不可分的整体，赖特的作品正是这一境界的最佳典范。作者与摄影师合作的这本书，涵盖了从20世纪最初几年的"草原风格"直到20世纪50年代的晚期作品。

许多20世纪的建筑史学家，在研究赖特作品的时候，或多或少地忽略了他的室内设计和装饰细节，因为他们接受的建筑教育，浸染了包豪斯体系的价值观：崇尚简单、忽视装饰。20世纪70年代的一个文化事件，引发了关注赖特的室内装饰的风尚。1971年，利托住宅将被拆除的新闻见诸报端。位于明尼苏达州的利托住宅，建成于1912年，是赖特草原风格后期的代表作。它的几个重要部分被多家博物馆分别收藏，而大都会博物馆购买了整个住宅最精华的部分：起居室（见24-25页），在博物馆二层设立的专门展厅，是这座世界级博物馆的第一个20世纪艺术展厅。复原的利托住宅起居室，还摆放着赖特1903年至1912年期间设计的家具，清晰地展示了他早期设计手法的演变。当利托住宅的起居室1972年在大都会博物馆重新安家之时，建筑学术界也传出一些质疑的声音。毕竟，周边的自然环境和人文气息，都是赖特作品至关重要的因素，这些都不可挽救地丢失了，无法在城市里的博物馆重现。然而，如果不能异地搬运复原，这间起居室必然和住宅其他部分一样，彻底地消失。目前，至少保存了一个精美的文化标本。它在大都会博物馆复原之后的成果，忠实于原作，魅力犹存。造访纽约的无数游客，得以欣赏美国最伟大的建筑师留下的艺术品。

1979年，位于美国首都华盛顿的史密森博物馆(Smithsonian Museum)下属的伦威克画廊(Renwick Gallery)，组织了一次巡回展览：《赖特的装饰设计》(The Decorative Designs of Frank Lloyd Wright)。赖特的装饰设计，再一次成为公众关注的焦点。展览开幕之际，著名的建筑评论家艾达·赫克斯特伯(Ada Huxtable，1921-2013)，为此在《纽约时报》撰文："今天，赖特的建筑天分已经举世公认。然而他毕生倾注心血、成果惊人的装饰艺术，却被研究者们所忽略，整个研究领域被踢进了地毯下面——在业主和品味和钱包允许的时候，这些地毯本身也是赖特设计的一部分……这一特别展览的价值在于，向世人展示了赖特的'整体美学'……建成后不久拍摄的这些照片，让我们深切地感受到他的建筑与装饰之间的关系，开始真正理解他的风格。"

赖特的每一件作品，都是各部分不可分割的整体。对于他的装饰设计的关注热潮，也催生了某些负面效应。披萨连锁店达美乐(Domino)的创始人托马斯·莫纳根(Thomas Monaghan，1937—)，是赖特作品的狂热崇拜者。20世纪80年代末，他委托底特律的建筑师贡纳·伯克茨(Gunnar Birkerts，1925-2017)，设计了位于密歇根州安娜堡的达美乐办公总部。它由一组低层建筑组成，借鉴了赖特的"草原风格"，绵延约700多米。同时，莫纳根还力图拥有赖特的建筑装饰构件最大的收藏库。由于利益的驱动，许多赖特设计的玻璃窗、家具、灯具等构件，从原先的建筑拆卸下来，现身拍卖会的展台。从学术的角度讲，许多建筑保护专家认为，这种行径无疑破坏了某些建筑原有的室内整体性。在20世纪80年代的文化狂热过后，全世界范围内对于艺术品保护的态度，变得更加慎重，类似的从原有建筑中剥离构件的行为逐渐减少。与之呼应，赖特作品的保护也进入更成熟的阶段。

1974年建立的"赖特保护基金会"(The Frank Lloyd Wright Preservation Trust)，买下了橡树园的赖特自宅与工作室，展开了系统的维护和修复。1986年，位于密歇根州的迈耶·梅住宅（建成于1908年），被当地著名的家具厂商"世楷"(Steelcase)所购买，同样得到了精心的维护。1989年，成立了"赖特建筑保护协会"(Frank Lloyd Wright Building Conservancy)，其宗旨是实现赖特建筑遗产的保护，以及开展对公众的教育。所有这些保护的成功努力，都体现在斯蒂普女士的这本书里，我们有幸通过这些精美的彩色照片，感受赖特丰富绚丽的"整体艺术"。

塔里埃森的起居室，美国威斯康星州，1925-1959年

简介

　　艺术与建筑的重要性，从来不容忽视。它们告诉人们：我们从哪里来，我们是谁，我们向哪里去。绝大多数人受困于表层的物质世界，而人世间最有感染力的艺术家们，总是能穿透表层，进入更深层、更本质的精神世界。他们从那里得到的抽象的精神力量，反过来帮助他们创造形式独特的物质世界。艺术家们能够让实在的物体，产生美的活力，产生丰富的含义。离开艺术家的魔术，它们只能停留于冰冷的物体。今天，艺术家们最重要的创造力，体现在选择和重新组合数千年人类文明的积累。他们的成果，将唤醒在物质世界中蹉跎的普通人，带领他们看到更广阔的精神世界。

　　一方面，建筑是生活中最常见的艺术形式，各种各样的建筑时刻包围着人们的躯体。另一方面，建筑也是最容易被忽视的艺术，人们对它的存在习以为常，无论建造者还是使用者，都没有给予足够的重视。从美学的角度衡量，或许可以说，我们有太多的"房子"，太少的"建筑"。对于大多数美国人而言，一提到"建筑"，会首先联想到欧洲的大教堂、宫殿，或者纽约的摩天楼和豪宅。无论在城市中心还是在郊区，无论功能是生活、学习、工作、礼拜或是娱乐，美国无以计数的房子当中，富有想象力和美感的建筑，仍然是凤毛麟角。我们被庸俗的房子层层包围，因此，也可以说，我们仅仅是利用，而没有体验建筑。

　　在美国贫瘠的建筑土壤里，时不时会生长出一些头脑敏锐的建筑师。他们知道，美国人理应获得更好的建筑，让美好的空间场所引导他们，贴近更美好的生活。弗兰克·劳埃德·赖特（1867-1959），正是这样一位建筑师。他被公认为20世纪最具影响力的建筑大师之一。赖特本人经常谈到"为民主而生的建筑"。他的核心价值观是，个体才是社会最宝贵的财富，而个体需要适当的环境充分地自由生长。空间的个性，对应在其中生活的人的个性；空间的层次和标示性，对应人们生活中的不同内容和仪式。赖特希望美国人拥有承载自己个性的建筑——对应美国的民主特征的建筑，拥有别致的简洁、优美与宁静。他就像一位虔诚布道的传教士，利用一切机会宣讲自己的建筑理想：四处演讲、作品展览、为专业的建筑杂志或通俗杂志上撰文。

　　在赖特看来，美国人生活在"过去"当中——并且是别人的过去。在他的有生之年，至少在有经济能力实现建筑探索的业主当中，仍很少有人能理解，建筑是物质与精神层面的融合。赖特厌恶那些不顾时代进步、盲目模仿欧洲古代风格的建筑。他满含讽刺地称之为"引人注目的无足轻重"（the Significant of Insignificance），不过是假借"建筑"之名进行的一种经济犯罪。1908年，他在《建筑实录》（Architectural

拉夫尼斯住宅的起居室，明尼苏达州，1955年

Record）杂志上撰文，公开讽刺当时的美国公众缺乏空间的审美能力。他们毫无原则地跟从所谓时尚，争先恐后地把生活的空间塞满冗余的杂物。

他写道："我们周围有太多劣质的房子，它们如果不是像舞台布景那样虚假，就是像地摊集市那样庸俗……即便是饱受教育的绅士或淑女，也从未想过自己的家应当有精神的感染力。除了极个别的特例，他们也从未有过深刻难忘的建筑体验。只要这个家的外壳看上去和邻居家一样时尚，待在里面冬暖夏凉，他们就非常知足了。在美学方面，他们对于建筑的理解，并没有超出马对于马棚的理解。"在赖特眼中，那个时代绝对大多数的时尚住宅里，充斥着背离优雅舒适的繁琐、毫无诗意的炫耀。

赖特称他的作品为"有机建筑"（Organic Architecture）。他这样描述自己的建筑理想："鲜活而富于创造力的精神，从一代人传承到下一代，永恒不灭。它呼应人们随时代常新的天性和不断变化的环境，始终在前进，在坚守，在创造"。实现这一理想的载体，是宜人的尺度、自由的空间、结合用地特征，以及建筑材料、形状和施工方式的相互契合。赖特凭借高超的设计手法，利用这些载体创出独特的空间，使人沉浸在宁静的简洁之中，同时享受着益于身心的舒适。

赖特生活在人类社会发生质变飞跃的时代。1867年他

出生时，美国的内战才结束不久，仍是煤油灯与马车的时代。1959年他去世时，人类已经进入原子能和卫星的时代。我们不妨说，赖特在一个正确的年代出生在一个正确的地方。他的神奇之处在于，既能紧紧抓住科学技术飞跃提供的机遇，与此同时，没有丢弃伴随他长大的、某些19世纪的价值观和浪漫精神。他的职业生涯长达60多年。在他踏入建筑世界的19世纪90年代，美国正在从农业社会向工业社会迅速转型，城市的数量与人口规模，都在经历前所未有的扩张。维多利亚时代①的复古风潮和拘谨的社会风气，即将落幕。美国人正如饥似渴地寻找自己的文化。19世纪后期的机器制造，只是在拙劣地努力模仿以前的手工艺品。进入20世纪，现代化的供暖、制冷以及各种节省劳力的家用电器逐渐普及，室内居住环境随之发生了巨大的变化。人们希望看到更精致、更简洁的用品。新的材料和技术，摆在有天赋的设计师面前，既是难得的机遇，也是陌生的挑战。生逢其时的赖特，"用他魔术师一样的手，在美国式的生活方式中注入了精神活力。"

这本书收录了迄今赖特的建筑室内方面最完整的资料，涵盖了现存的和已经拆毁的、仍然为私人持有的和已经开放为博物馆的各种实例。它们都配得上赖特的理想："一座住宅不仅是家的空间，还应当是一件艺术品。"每个人都应当在简洁而优美的环境中，有尊严地生活。从20世纪最初几年预算宽裕的草原住宅，到40多年后造价低廉的尤松尼亚住宅，宽敞的空间、优雅的构图、温暖精致的材料组合，这些基本的原则从未改变。

赖特自诩为人的精神与物质景观之间的桥梁。他曾写道："一个建筑师同时也应当是艺术家，他必然知晓自然界的灵性，并且时刻提醒自己，不是人去顺应建筑，而是让建筑顺应人。……我们应当抱有这样的自信：富有创造力的建筑师，是生活长诗的吟唱者。"你即将看到的这些照片，正是这一宣言有力的实证。

左图：拜尔德住宅，马萨诸塞州，1940年
对页：斯托尔住宅，加利福尼亚州，1923年
下页图：阿弗莱克住宅，密歇根州，1940年

---

① 维多利亚时代（Victorian Era），即英国工业革命和大英帝国国力的高峰期。通常被定义为1837-1901年，即英国维多利亚女王在位时期，装饰艺术的风格趋于复古保守。

赖特的生平与事业

　　1867年，赖特出生在威斯康星州的一个乡野小镇。他的父亲威廉·赖特，出身于东部新英格兰地区文化气息浓郁的家庭。威廉·赖特的职业是巡回布道的牧师，同时也是自学成才的音乐家。赖特的母亲安娜·劳埃德－琼斯，是一个小学教师。赖特的外祖父是英国西南部的威尔士人，作为唯一神派[①]的牧师，中年时全家移民来到美国威斯康星州。在两边家族的影响下，儿时的赖特就对音乐、书籍有着疯狂的热爱。

　　幼年的赖特跟随巡回布道的父亲，在中西部和东部的几个州都曾短暂地生活，直到返回威斯康星州，在麦迪逊市定居下来。从那时起，他母亲一方的劳埃德－琼斯家族，开始对少年赖特的成长产生深刻的影响。他的几位舅舅，都是威斯康星州的小农场主、牧师或者教师。他们都谙熟爱默生、梭罗与惠特曼的思想和著作。这些美国思想家和诗人秉承的超验主义[②]，信奉每一个公民都有机会摆脱僵化的条框，实现自己最大的人生潜力。超验主义在深层塑造了美国式的民主精神，也成为赖特自己的社会和政治价值观的基石之一。

　　从11岁到16岁，每年夏天赖特都在舅舅的农场里帮工，在那里像一个普通的雇工那样，承担各种辛苦甚至危险的农活。他学到了土地必将回馈人们向它洒下的汗水；学到了貌似单调乏味的体力劳动，蕴藏着变化丰富的节奏和美感。少年时代播下的种子，使他在此后数十年，对土地、对农业劳作的热爱从未消退。无论时代如何前进变幻，他始终像劳埃德－琼斯家族的人们一样，追求家庭、劳动与精神信仰合为一体的理想人生。

　　成年之后的赖特，时常强调母亲从他很小的时候，就希望他成为建筑师。1885年，父母离婚造成的经济困境，加速了他的职业选择。当时的赖特，虽然已经在威斯康星大学工程系听课，但是他没有耐心去接受按部就班的教育。他前往芝加哥，加入建筑事务所去做学徒，开始在真正的专业实践环境中学习。经过在几家小事务所的短暂积累，赖特进入了如日中天的"埃德勒与沙利文事务所"（Adler and Sullivan）。他在那里工作了6年，成为路易·沙利文（Louis Sullivan，1856—1924）的重要助手。1893年，由于赖特私下里承接设计，他和沙利文发生争执，辞职离开后在芝加哥独立门户，成立了自己的小事务所。

　　随后的十年里，赖特在美国中西部逐渐崭露头角，他呈现给世界一种前所未见的建筑语言——"草原风格"。截至那个时期，效仿欧洲的新古典主义风格，仍然垄断着美国建筑界。赖特果断地偏离了这条畅通无阻的"职业大道"。他打破了维多利亚时代常见的层层嵌套的"盒子式"空间，剔除冗余的隔墙，尽量实现自

戴纳－托马斯住宅，入口与接待厅。伊利诺伊州，1904年

由流动的室内空间。

1910年前后是赖特人生的关键转折点。他已有的语汇趋于枯竭，同时家庭生活方面也出现了严重的危机。1909年，他应德国著名的瓦斯穆特出版社（Wasmuth）的邀请，前往欧洲为出版他的第一部作品集筹备资料。1911年，他回到美国的威斯康星州，在他的一位舅舅的农场附近购置土地，就在他少年时帮工的地方，建起了自己的家和工作室，起名"塔里埃森"。

此后一个阶段，赖特的事业重心从私家住宅转向两座大型公共建筑：1914年落成的芝加哥"中路花园"、1923年落成的东京新帝国饭店。它们都让赖特有机会掌控从总体布局到灯具、家具、地毯、雕塑乃至餐具的所有细节。然而，这两件杰作分别在1929年、1968年被人为拆除，令人遗憾地消失了。仅就建筑装饰而言，它们比赖特早期草原风格更加华丽和繁复，流露出神秘的异域情调。

1922年从日本回到美国之后，赖特暂时生活在洛杉矶。在那里刚刚落成了他在加利福尼亚的第一件作品："蜀葵住宅"。为了与当地晴热干燥的气候匹配，他一改草原风格，采用了外部封闭、内部有开敞庭院的手法。赖特曾希望以洛杉矶为根基来重整事业。然而，在四座混凝土砌块住宅之后，这一计划不得不画上了句号。他回到塔里埃森，经历了另一轮私生活的风暴与经济方面的窘迫。在将近十年的时间里，仅有一两件小作品得以实施。

20世纪30年代初，赖特在自己的庄园塔里埃森创办了学徒会，同时提出自己的乌托邦构想——分散化的"广亩城市"（Broadacre City）。依照他的构想，未来的大城市将分散消解，每一个家庭拥有至少一英亩（约合4000m²）土地，建造永久的住宅，并且在自己的土地上耕种立业。不久之后的1937年，饱含诗情画意的"流水别墅"，让蛰伏已久的赖特，再一次成为世界建筑界关注的焦点。

1943年，已经70多岁的赖特，接受了纽约古根海姆博物馆的委托。这或许是他毕生投入精力最多的作品。浩繁的设计过程，持续达13年之久，直到1956年方才动工。令人惊叹的是，在与之同步的20世纪四五十年代，他仍有足够的精力，探索适宜新一代中产阶级的全新的住宅形式，其结果被他称作"尤松尼亚住宅"。建筑的核心是黏土砖砌成的一组承重墙，轻质的木板外墙单元、与层高同样高度的落地玻璃窗（其中某些同时也是门），都在工厂预制完成，运到施工现场，非常便捷地组装到一起。然而，第二次世界大战期间，这种理想施工方式所需的人力和材料成本，都大幅攀升。于是赖特另起炉灶，在他20年代使用过的混凝土砌块结构基础上，发展出另一种混凝土建筑形式。每一座尤松尼亚住宅，根据用地和造价情况做弹性的

左图：东京帝国饭店的门厅
右图：芝加哥中路花园，夏季花园里的音乐演奏舞台

调整，围绕类似的手法，产生互不雷同的多变形式。在赖特1959年去世之前的20多年里，有几十座尤松尼亚住宅相继建成。

在60多年的建筑师生涯里，赖特从未放弃他选择的使命——创造属于美国人的生活方式和美国自然环境的建筑。赖特作品的魅力，绝不只是形式的华丽和精致。正因如此，直到他去世数十年后的今天，建筑师们仍需要从他那里寻找灵感。

在纪录片制作人肯·伯恩斯（Ken Burns，1953— ）进行的采访中，建筑评论家戈德伯格③谈道："如果你是一个作曲家，我猜你不愿意写一部听上去像是贝多芬作品的交响曲。但是，贝多芬巨大的影响力，早已浸透了你投身的艺术领域，难道你能够回避吗？在现代建筑界，赖特也是类似的情形。这是一座大山，即便你渴望在山的另一侧建立自己的世界，你也不得不先攀登到山顶，认识这座大山，然后你才能做好准备，随心所欲地向山的另一侧前进。"

①唯一神派（Unitarian），基督教的一个分支教派，否定三位一体，强调以唯一的上帝为信仰核心，更近于自然神崇拜。

②超验主义（Transcendentalism），美国的哲学流派之一，主张人能超越感觉和理性而直接认识真理，同时强调人与自然界的融合统一。

③保罗·戈德伯格（Paul Goldberger，1950— ），美国建筑评论家，长期主持《纽约时报》、《纽约客》的建筑专栏。

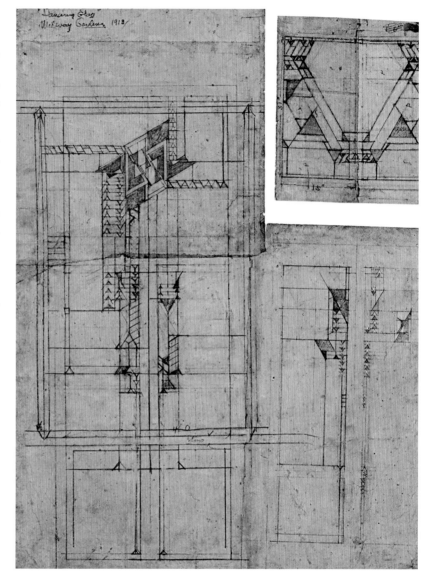

中路花园，三角形母题的玻璃图案设计

以大自然为师

赖特事业中最重要的导师，是永恒的大自然。正如英语里上帝"God"这个词，首字母总是大写的G，赖特总是用大写的N，作为"自然"（Nature）这个词的首字母。自然界的奥妙和规律，是许多19世纪艺术家、作家和思想家的灵感源泉，例如爱默生、梭罗和惠特曼。在这方面，赖特足以和他敬仰的这几位思想家比肩。赖特读懂了造物主留下的这部巨著，通过他详细的注解，现代建筑世界不仅仅获得了新的形式和设计语言，更重要的是，如何用简洁的方式，富有"效率"地产生无穷变化的形式。

从20世纪末以来，人类社会对于自然界的态度，明显地向着尊重和保护的方向转变。今天的我们应该意识到，在赖特的有生之年，人类征服自然界的欲望和自信，正在前所未有地膨胀。无比孤傲的赖特，在自然界面前始终保持着谦卑，他最高的理想是让人造的空间在自然界找到和谐的位置。这种接近超验主义的世界观，和他的作品形式一样，孤立于当时的社会主流之外。

尊重环境、和谐共生是今天随处可见的关键词，而在数十年前的报刊媒体上，几乎没有容身之处。赖特敏锐地预感到，西方的物质至上主义，很可能会割断人类和自然界之间的纽带。因此我们毫不奇怪，他钟爱印第安文化、凯尔特文化、日本文化这些有自然崇拜传统的文化。赖特蔑视二元对立的思维方式，无论是宏观层面的人类与自然界、物质与精神的对立，还是建筑领域的功能与形式的对立。工业革命加剧了种种这些二元对立，并且让人类逐渐对一切都丧失了宗教式的崇敬，把一切都变成世俗的买卖计较。在赖特心目中，物质和精神是不可分割的整体。他从少年时代，就时常浸泡在农场和山林里。他真切地理解自然界的魅力，绝不是繁华落叶的诗意情景，而是掌控整个世界的规律和秩序。换句话说，自然界无形的精神力量，体现于我们看到的一切物质形式。如果抗拒它的精神力量，人类的生活必然受到巨大的损伤。

赖特从自然界获得的灵感，体现在多个方面。在具体微观的层面，他的许多建筑构件、装饰图案抽象地模仿自然景物。在更广的层面，人造的建筑应当归属于它所在的用地环境，尽量不去破坏而是增添环境自身的美。而在最抽象的层面，意味着人工建造的过程，应当符合自然界固有的规律。所有这些结合为一体，赋予一座建筑自然的气质和韵律。

赖特认为，要让一座建筑具有持久的精神魅力，它必须和自然界有非常紧密的联系。赖特写道："无论人们是否已经意识到这一点，事实是他们的头脑和行为，产生于日常包围着他们的'氛围'，就像植物的生长依赖它扎根的土壤。"他希望利用自然界提供的材料、依照自然界的规律，创造出和自然界有亲缘关系的建筑。当赖特设计室内空间，他就像传统的日本造园家，利用一些简单的元素组合一种新的关系，目的是人的起居行为和自然界之间保持宁静的和谐。

戴纳-托马斯住宅的入口小门厅。圆拱形的空间和"蝴蝶"母题的艺术玻璃，是外界的凡俗生活与女主人的梦幻世界之间的屏障。

赖特始终坚持，建筑不只是满足实用功能的器物。他把建筑视为一个独特的机会，让他创造体量巨大的艺术品，影响普通人的日常生活，也为这种古老的社会行为注入新鲜的活力。为了实现这样的目的，他最重要的工具是新生的材料、施工技术，它们极大地扩展了建造形式的多样性。赖特的导师，路易·沙利文这样评价他曾经的助手："（赖特）有一种独特的天赋，他能够把自由的想象力、呼应外界的洞察力加以结合，然后付诸工程建造的实践规律。经他之手的材料和形式，就获得了微妙的美和人性，就像人有了脉搏与呼吸。离开这些，形式和材料必然沦为纯粹的机器。"

戴纳-托马斯住宅，入口处"蝴蝶"母题玻璃的细部。

上图：迈耶·梅住宅，密歇根州，1908年

对页：现存纽约大都会博物馆的利托住宅起居室。此处展厅里的陈设和家具，来自赖特为利托夫妇设计的两座住宅，分别位于伊利诺依州（1902年）和明尼苏达州（1912年）。包括桌椅、艺术玻璃、铜质的高脚芦苇插瓶、落地灯、壁灯以及顶棚灯。

建筑的"整体艺术"

现代建筑的奠基人之一，威廉·莫里斯（William Morris，1834-1896）曾说："在你的家里，不要有任何一件你认为无用或者不美的物品"。莫里斯革命性的理论，在世纪之交的建筑与工艺美术界掀起了轩然大波。赖特和当时的许多建筑师，都怀着这样的理想：为普通人的日常生活创造美好的物质空间，必将改善整个社会的精神面貌。问题在于，如何定义"美好的物质空间"、如何具体地实现这样的目标，在建筑师当中存在巨大的分歧。

赖特坚信，为了让建筑成为"整体艺术"①，建筑师必须掌控整个设计的方方面面，从建筑在用地内的位置朝向、结构的施工方式，到建筑材料的选择和室内设计。室内设计的细节包括所有的家具、灯具、艺术玻璃门窗、地毯以及活动的装饰摆件。在20世纪初期，要实现这样的理想境界，离不开业主坚实的经济基础和毫无保留的信任。在达到这一境界的为数不多的实例中，戴纳-托马斯住宅、马丁住宅和迈耶·梅住宅，是其中的佼佼者。

实现这样的"整体艺术"，需要把各种分支艺术组织在一起，根据不同部分的重要性，进行微妙的均衡和果断的取舍。赖特总是从一个简单的几何母题和模数单元开始，让母题和模数在建筑的不同部位、不同材料的构件中变奏重现。他会确定建筑室内外的所有细节，例如结构承重构件、非承重隔墙、门窗、材料的颜色组合、装饰线脚以及明暗光影效果。所有细节的角色，首先是一个整体的局部，尽量与主体结构固定，或按照准确设计的效果来摆放。局部服从整体、实现建筑整体的协调，是各个局部之间发生矛盾时首要的取舍标准。由许多细节嵌套而成的建筑构图，如何在精美与简洁之间保持平衡，往往依靠微妙的、直觉的判断。

赖特写道："如果一个居住用的场所称得上'整体艺术'，它的表现力之强烈、与人们生活之密切，将远远胜过一幅画、一尊塑像。它能够呼应人的各自需求，以它自身的材料、色彩，帮助人的生活贴近和谐的自然——这一切是现代美国社会面对的宝贵机遇。……它必然是一个有机的整体，一个更高的理想境界。最终的成果，必然是一件杰出的艺术品，而不是许多零星小件的堆砌。"

形成"整体艺术"的建筑构思，是一个艰苦而奇妙的过程。赖特的工作习惯是，在头脑里反反复复地推敲，直到建筑里将要进行的生活细节全都周到顾及，才开始拿起铅笔和丁字尺，把已经成熟的灵感化为清晰的形式。他的业主们、学徒们都曾描述过他的设计过程。赖特的次子约翰·赖特（John Wright，1892-1972），也是一位建筑师。他在1946年出版了回忆录《这就是我的父亲》（My Father Who Is on Earth），书中风趣地写道：

> "像爸爸这样的设计师，总是让精神力量凌驾于一切俗世的定规或逻辑之上。其结果是，他们的作品总是偏离或者逆转定规，至少要附加某些貌似冗余的东西。爸爸出于本能，总是无视俗世的逻辑，把他自己的想象力塞进'功能'，直到平淡的功能里有了令他心动的'感觉'。这样

才能实现他的目标——将功能与形式融为一团，难分彼此。……比如说，你需要一个鸡窝。很显然，你认为这只是能让鸡住进去的小房子，但是爸爸却有他的高见。一说到鸡窝，他的耳边立刻响起公鸡打鸣、母鸡哼叫；他的眼前浮现出正在下蛋的母鸡，他仿佛正在品尝煎鸡蛋配香肠、腌肉——由此他想到了早餐，仿佛闻到了咖啡的香味，他想到了全部生活的乐趣。

　　然后，他开始设计鸡窝。他会把鸡的呆傻和人的狡诈，像调料一样加入设计内容。你将获得前所未有的鸡窝，每一只鸡都过着前所未有的美好生活。当然，略显突兀的浪漫情怀有时候会让你磕着脑袋，或者撞到脸颊，但是生活毕竟变得更加丰盛，空气更加清新，阳光更加明亮，连影子都染上了迷人的淡紫色。当你去捡鸡蛋，你会不自觉地哼着歌，踩着舞步，因为你的鸡窝是一件艺术品，不是冰冷的逻辑产生的冰冷的功能。"

　　上面这段幽默的文字，从一个真正了解赖特的人的视角，阐释了赖特眼中什么是建筑的本质。赖特相信，建筑应当是生活的底色或者背景——无论生活的主角是鸡还是人。作为背景，建筑潜移默化地影响、推进使用者的生活，但是不会统治或者粗暴地干涉他们的生活。赖特设计的空间，必然有各种层次的装饰物，但是绝不会显得拥挤。使用者是空间中理所当然的主角，而不会被材料、光影所排挤，自己却沦为配角。正如一座成功的剧场建筑，会让这里上演的戏剧获得观众最热烈的掌声。所有的形式手法集合在一起，是为了让它们共同承载的生活更加丰富，更接近诗意。

① "整体艺术"，原文为德语名词Gesamtkunstwerk。德国音乐家瓦格纳（Richard Wagner，1813-1883）用它来形容歌剧涵盖多种艺术形式，由此在艺术界广为流传。

左图：克里斯蒂安住宅，印第安纳州，1954年
右图：拜尔德住宅，马萨诸塞州，1940年

上图：赖特设计的锻打铜质花瓶，依据他的设计放置于二楼阳台的栏板上

对页：戴纳-托马斯住宅，餐厅里专门的早餐区，赖特设计的家具和"五倍子花"母题的艺术玻璃窗

灵感的源泉

赖特的兴趣非常广泛。他曾在亚洲、欧洲和南美洲各地旅行，举办了大量演讲。终其一生，他是一个狂热的读书者，同时也撰写了数量可观的文章。他非常敏锐地观察身边的世界，在辉煌的名胜和貌似寻常的角落，都能发现美的线索。这些观察，为他自己的创造力提供了灵感的种子。

作为一个孤傲的天才，赖特很少公开认可自己受到哪些影响。那些经他本人认可的，显然都是至关重要的灵感源泉。其中之一，是福禄贝尔（Friedrich Fröbel，1782-1852）发明的玩具。福禄贝尔是著名的德国教育家，也是现代幼儿园的创始人之一。他发明了一种儿童玩具，包括不同颜色、形状的硬纸板和简单木块，由儿童动手随意组合。在赖特大约10岁的时候，母亲给他买来一套福禄贝尔的玩具。

在这种简单的玩具中，深藏着福禄贝尔的教育理念。他不鼓励孩子们直接描摹具象的世界，而是希望他们首先理解世界构成的结构关系，再把貌似纷繁的世界简化成抽象的元素，然后大胆地组合创造。这套玩具，无疑是赖特认识建造和空间的启蒙老师。日后赖特曾在许多场合提到，他对于建筑结构的敏感、他的构图天分，其根源都可以追溯到福禄贝尔的玩具，在他童年埋下的伏笔。

另一个改变赖特人生轨迹的灵感源泉，是以抽象、简洁著称的日本传统艺术。其中对他产生最直接影响的，是日本江户时代的木版画——浮世绘。收藏浮世绘，是赖特毕生的狂热爱好。他曾在1908年，以其个人收藏在芝加哥美术馆举办歌川广重的特别展览。1912年，赖特撰写了一本小册子:《日本版画的诠释》（Japanese Prints: An Interpretation）。书中写道:"关于日本艺术，最重要的一项事实是，无论日本艺术有怎样随意的外在形式，它是一种极端强调结构关系的艺术。从无例外，所有的日本艺术都是由清晰的结构而生。我们不妨说，结构是任何设计的出发点。内在的结构，产生了有机的外在形式，结构让每一个局部获得准确的角色，使许多局部组合成一个有活力的整体。"由清晰的结构而生，不但适用于所有日本艺术，也是赖特建筑哲学的出发点。

浮世绘在青年赖特面前，打开了一扇崭新的窗子。"当你读懂了这些木版画，你就获得了观察世界的一种新方式。你会从纷繁的世界中，做出你自己的选择。某些表面的现实对象消失了，事物的整体却变得更加清晰和简洁。"

日本文化对于赖特的影响源泉，远远不止是浮世绘。终其一生，他对于日本文化怀着特殊的敬意。准确地说，浮世绘是引导青年赖特步入日本文化殿堂的台阶。他对于浮世绘的研究，深刻地影响了他的美学根基。不仅如此，赖特写下的文字，证实了日本文化和他青年时形成的世界观有天然的相通契合，日本文化催生了他心目中理想的生活方式。

"日本全套的道德和习俗，都严格地脱胎于这个国家的自然风物和变化，因此日本的文明，得以成为一件宏大而完整的艺术品。这里的土地和依附于土地的建筑、花园和装饰物，他们的行为举止、服装和生活用具，以及他们膜拜的神灵，所有这些全都融合为一个整体，因为他们时刻能感知自然界发出的磁力，他们生活中的一切尽量向它靠近"。他赞颂日本的生活方式是"天国之歌"。他质疑欧洲人和美国人："为什么我们要煞费心机地把大地改造成天国，而不能像神道教朴素的智慧所指引的那样，从容地把天国接引到大地上呢？"

赖特喜欢用"有机"（Organic）这个词，形容自己的作品。他希望自己设计的建筑，不仅自身是一个，更重要的是，建筑和谐地置身于周围的环境中，就像一棵树是整片树林、整座山丘有机的一部分。他之所以长久地痴迷日本文化，正是因为他能够从中发现"有机"建筑的规律。

最初把青年赖特引向日本艺术的，是它美学方面的独特魅力。随着他对于日本的了解逐渐加深，日本文化在他数十年的事业中，始终是他可以信赖的灵感源泉。日本传统艺术，让19世纪末的许多西方艺术家，以一种新的方式观察世界。浮世绘对马奈、德加等法国印象派画家的深刻影响，已经是公认的常识。同样，日本文化帮助赖特自信地背离了当时美国建筑界的主流，勇敢地另辟蹊径。日本文化的魅力之一，是各种生活物品都具有令人惊叹的形式之美，同时又有严格的节制和朴实。日本传统建筑里诚实显露的结构，像教科书一样阐释了功能与形式合二为一。

赖特相信，之所以能够实现有丰富细节的简洁，其秘密在于"剔除无足轻重的东西"。他写道："日本美学的首要原则，是剔除无足轻重的东西，从而更接近真实。在日本的建筑和生活细节中，我们总会发现贯穿细节的一条线索，让内在的和谐化为可见的形式。"

赖特不厌其烦地强调，"剔除无足轻重的东西"是他建筑哲学的基石。他在晚年毫不隐讳地说："假如浮世绘从我求知的历程中消失，我不知道自己会走向哪里。'剔除无足轻重的东西'，浮世绘使我在建筑的世界里透彻领悟了这一福音。"

当然，赖特同样清醒地告诫同行们，切不可过度简化，剔除了举足轻重的东西。他在《自传》里写道：

"只需三条线的地方，五条线就是愚蠢；只需3英磅重即可，那么9英磅就是臃肿。然而，简洁并非一味地删除言谈或者文字里生动有趣、强化语义的词语。建筑方面类似的删减也与简洁无关，往往只是一种愚蠢。

在建筑领域，丰富的表面变化和清晰有力的线条，尤其是材料的肌理和图案，能够使事实更具说服力，让形式更具意义。盲目删减造成的危害不亚于过度雕琢，甚至更加频繁。只有掌握了简洁这把利器，才会知道哪些应当省略、哪些需要保留、如何实现这些目标，最终随心所欲地表达。"

塔里埃森大起居室里的就餐区

上图：塔里埃森的门廊，日本屏风画以及其他亚洲风格的地毯、雕塑和瓷器

对页：塔里埃森的赖特卧室和书房，1952年照片。左侧书架上方摆着他喜爱的浮世绘

重新定义的空间

建筑是地基、墙和屋顶等一系列构件的组合，然而建筑的终极目的是"它们围合而成，供人生活的空间"。如果说成千上万座建筑，提供了人们生活的"骨架"，那么一座建筑内部的房间和走廊，同样深刻地影响人们的生活方式。建筑的设计方案，应当是具体功能需求的自然衍生结果；而具体的功能需求，直接取决于人们如何使用建筑。维多利亚时代的建筑形式，已经和当时的技术进步、社会变革和个人生活内容严重脱节。在19世纪和20世纪之交的美国，大量人口从乡村涌入城镇，需要大量新建的基础设施、公共建筑与住宅。赖特迫不及待地，在居住者的行为和住宅这个外壳之间，塑造一种相互影响的、全新的关系。

众所周知，赖特为20世纪的建筑，提供了许多新颖的造型语言，然而他最重要的成就，是重新定义了室内空间。从草原住宅开始，他打破以前盒子并置式的室内空间，尽量减少不同功能区之间的隔墙。他鄙夷19世纪末的美国风行的住宅样式，陡峭烦琐的屋顶，炫耀堆砌到了疯狂的程度，完全背离了为人们遮风避雨的本意。他认为："我所理解的住宅，是宽大的遮蔽下供人生活的室内空间。我喜欢它看上去具有遮蔽的感觉。……住宅应当与大地结为伙伴，在周围草原的衬托下显得自然而然。"

尽管他的早期住宅作品，集中在芝加哥周边的郊区环境，并不是严格意义上的"草原"，但是其隐喻的效果依然很强烈。当时的美国，仍是一场规模空前的试验，每一个人面前都有无限的机遇。赖特的理想，并不止步于建筑本身。他希望美好的建筑能够助推社会的变革。"与人们仰望的大教堂和宫殿相比，伴随他们每一天的生活环境，更有力地体现他们的物质福祉和精神成长。因此，使用者的性情有多少种微妙的差异，就应当有多少种对应的住宅。"

左图及右图：马丁住宅的起居室，纽约州，1905年

委托赖特设计住宅的业主，绝大多数并不是富商。极少数的例外，也远远不及像范德比尔特、卡内基和弗里克[①]那样的巨富大贾。他们多半是白手起家，依靠自己的专业技术或管理能力，勤奋自立的中产阶级。那些巨富家族的成员，往往倾向于把自己的住宅，打造成具有浓郁的欧洲传统"文化"情趣的宫殿。信任赖特的中产阶级业主们，往往更富于尝试的勇气，更愿意接受新的建筑形式，也更容易被特立独行者的侃侃而谈所说服——这一点恰恰是赖特最大的天赋之一。他们能够感觉到，这位建筑师竭力创造的住宅，符合他们的社会定位和生活习性，而不是巨富人家大宅院的降格版本。

赖特的设计过程，始终是由内部到外表。面对一个新的项目，他首先会制定一套结构骨架，然后在此基础上，生成空间的围合和装饰物。他在《自传》中写道："一座自然的住宅，它所具有的并非洞穴或者木屋那种直白的自然，而是与它生长的土壤息息相关的精神。它将重新揭示，在建筑生命力旺盛的那些久远年代，建筑究竟意味着什么。"

赖特所强调的"有机"，是模仿自然界造物的形式规律，而不是树木、石头等任何一种具体的自然景物。一个真正的艺术家，必然会从自然界寻找灵感，然而经过他的选择、抽象和组合，总是可以创造出自然界没有的独特形式。值得注意的是，西方与亚洲的学者们，都把赖特设计的空间冠以"东方气质"。20世纪初，以"甘博住宅"[②]为代表一批美国建筑也在模仿日本的"东方模样"，但是赖特的"东方气质"，体现在更深刻、更抽象的层面，例如，水平方向的线条感、室内外之间的屋檐下空间、功能区之间的灵活分隔、使用者行进的曲折抑扬、视线对景的变化以及每个构件典雅的比例。他的作品里也会摆放来自日本的艺术品，但那些毕竟只是锦上添花的点缀。

赖特自诩为无师自通的天才，事实上他是一个细致的观察者、如饥似渴的学习者。他在日本的收获，某些是他前所未知的灵感启发，另一些是经过数百年时间考验的文化积淀与他已有的信念相符，使他更加自信地偏离当时建筑界的主流。他在《自传》里，不吝笔墨地描写了自己在日本的发现：

> "我发现日本的住宅是一个'精简'的典范——不仅剔除污垢，而且剔除一切无足轻重的琐屑。我被它深深地吸引，有时候会花上好几个小时，把一

左图：拉夫尼斯，明尼苏达州，1955年
右图：沃克住宅，加利福尼亚州，1948年

座住宅拆解成各个部件，再拼合起来。在日本人的家里，我找不到一件多余无谓的东西，几乎找不到额外的装饰。所有我们称之为'装饰'的东西，都体现在日本人的生活必备品本身，或者他们所用的简朴的建筑材料之中。这也是一种洁净。

终于，我找到了一片乐土。在这里，自然而然的简洁是至高无上的境界。在日本人的住宅里，每一根骨架和纤维都是诚实的。……我们这些西方人，无法并且也不应当居住在日本式的住宅里。然而，我们应当遵循某种与日本人的理想同样高贵的秩序"。

赖特与东方文化的另一条纽带，是他所推崇的冈仓天心③的《茶之书》。这是一本用英文撰写、向西方介绍日本茶道等传统美学的书。书中写道：

"（老子）认为，真正的本质存在于'无'。举例来说，一个房间真正的实在，是由屋顶与墙壁所圈出的空间，而不是屋顶与墙壁本身。水壶的有用之处，在于它拿来盛水的空间，而不是水壶的形体，或是它的原料。'无'，因其无所不包，也就无所不

能。唯有在空间之中，才能存在动作。"

赖特把冈仓天心的描述，转化成更具建筑专业的说法："建筑的本质，并非屋顶和墙壁，而是它们围合而成、供人生活的空间。"（The reality of the building does not consist in the roof and walls, but in the space within, to be lived in.）这段话也是《老子》第11章"凿户牖以为室，当其无，有室之用"的意译。

然而，赖特的建筑空间，并不简单地等同于老子描述的"无"。他设计的空间，每一处都承载着切实的功能。他并不相信彻底"自由"的空间，把了无一物的"虚空"丢给业主，寄希望于业主有足够的审美和构图能力。在他手中的铅笔尚未开始勾画草图之前，每一处空间将要摆放的家具、灯具、地毯甚至花瓶，都已经从容地就位。赖特同样重视真正的"虚空"，他精密地设计使用者在空间中行进或驻足的流线。从以下几个方面，我们不难看出，赖特设计的空间和日本传统建筑空间的相似之处。

例如，日语里的汉字"间"，其含义之一是空隙，经常用来描述分隔不同对象的空白。具体而言，它可以是建筑中两根柱子的距离、两个音符之间的停顿、演讲过程中的停顿、庭院里两块石头之间的空隙，或者房间里两

个人之间的虚空。在建筑方面，日语汉字"间"的另一个特定含义，是一张榻榻米的长边尺寸，大约1.8米。无论普通房间还是贵族的府邸，建筑的平面尺寸、天花板的高度，都和这个"间"有模数关系。其中隐含的规律是，整座建筑的方方面面都相互联系，共同遵守一种普遍存在的秩序。赖特从早年接触到日本文化，就开始在自己的建筑中应用类似的模数系统。在设计之初制定一个网格，各种建筑构件的尺寸和位置，包括门窗、壁炉、线脚等，都在这个网格体系里。艺术玻璃的图案、灯具和家具的形状，往往也是基于同一网格的缩小版而生成。

　　赖特对日本传统住宅的赞赏之处之一，是零乱的碎屑毫无容身之处。这一点在爱德华·莫尔斯[①]的著作《日本人的家居与环境》（Japanese Homes and Their Surroundings）书中有生动的描述。这本书于1886年刚刚面世时，就在美国引起了不小的轰动。书中写道：

　　"走进日本人的家，你最先注意到的就是整体的直白或者说空旷。渐渐地，你会被淡色的墙壁和原木色线条构成的完美和谐所吸引。……一面屏风，可以灵活地搬动来划分空间。室内地面铺满了洁净舒适的草垫。起结构支撑作用的各种木构件，全都

素雅地显露着。家居所需的橱柜，都隐蔽在定制的壁龛里。横贯整个房间的木梁上方，点缀着木条编织的图案。纯正日本式的精致品味，给我留下了刻骨铭心的印象。

　　此刻，我不禁想到在美国随处可见的房间：挤满了椅子、桌子、五斗橱、床和洗手盆架，还少不了藏满灰尘的地毯。墙上的壁纸炫耀着烦琐的图案，让人憋闷。墙上挖出一对儿长方形的洞口，勉强透进来一些自然光和新鲜空气。我能够想象，一件件闪耀着亮光漆色的家具搭起的迷宫，会耗费多少物力与人力。而你只需像日本人那样善待自己的房间，就能节省无谓的浪费，同时获得尽可能多的自然光和新鲜空气。置身于日本人的家里，我所熟悉的美国房间，几乎成了无趣和压抑的同义词。"

　　和传统的日本室内空间相比，赖特的室内空间或许略显拥挤，然而和19世纪中后期美国盛行的维多利亚风格相比，已经是非常素雅，并且充满活力。无须太多修改，就能把莫尔斯那段赞美日本住宅的话，套用于赖特设计的住宅上。建成不久后拍摄的草原住宅的室内照片显示，起居室开敞自由，一览无余，水平方向有强烈的流动感，联排的落地窗把阳光和室外景观引入室内。这

左图：格奇-温克勒住宅，密歇根州，1939年
右图：史蒂文斯住宅，南卡罗来纳州，1939年
上图：巴赫曼-威尔逊住宅，新泽西州，1954年

种开敞自由的美学原则，贯穿了赖特的建筑师生涯。他创造的空间，并不是模仿日本传统空间，而是追随一种与日本美学理想有诸多相通的原则。

赖特希望，所有建筑都有活泼的生命力。布鲁诺·赛维⑤对此深有感悟："为了满足日常的使用功能，赖特设计的空间不得不划分成一个个相对独立的几何形，并且往往是朴实的长方体，然而整个空间仍然是一气呵成的诗篇，而不是许多单个词语的连缀。这些室内空间是真实的物质存在，是建筑师直觉与使用者需求互为经纬、编织的某种图案。这正是赖特作品的真正含义。"

①范德比尔特（William Vanderbilt，1821-1885）、卡内基（Andrew Carnegie，1835-1919）、弗里克（Henry Frick，1849-1919），都是19世纪末美国最富有的实业家。

②位于加利福尼亚州的甘博住宅，建成于1909年，其业主是"宝洁"（Procter & Gamble）的创始人之一大卫·甘博（David Gamble）。设计者为建筑师兄弟查尔斯·格林（Charles Greene，1868-1957）和亨利·格林（Henry Greene，1870-1954）。

③冈仓天心（1863-1913），原名冈仓觉三，日本明治时期的美术史学家，曾先后担任日本东京美术学校校长、波士顿美术馆中国日本部部长。以英文撰写的《茶之书》，1906年在纽约首次出版。此段选自《茶之书》中文版，谷意译，山东画报出版社，2010年。

④爱德华·莫尔斯（Edward Morse，1838-1925），美国动物学家及东方学家。1877年起任东京帝国大学动物学教授，并积极收集日本传统工艺美术品。

⑤布鲁诺·赛维（Bruno Zevi，1918-2000），意大利建筑师及建筑理论家。

左图：彼得森小屋，威斯康星州，1958年
下页：戴纳-托马斯住宅的半圆形艺术玻璃

作品

　　建筑和其他各种伟大的艺术一样，描绘人类丰富而微妙的精神世界。翻开赖特的作品集，你会频繁地联想到"魔术"这个词。在他最成功的代表作里，你会看到愿景、直觉、理性和经验相互碰撞咬合，使建筑的用地、结构与使用者合成一幅完整的拼图。和我们日常见到的绝大多数建筑相比，你会感到赖特作品中的材料、比例和尺度，的确似出自魔法师之手。某些艺术形式的构图，几乎是完全自由的，而建筑的形式受到多种功能和可行性的限制。然而，实用不应束缚美。对于赖特而言，建筑基本的意义是创造适合居住的空间，但是更重要的是，以美好的设计表达人们的精神世界。

　　他坚信，优美的室内空间配以品质出色的日常用具，生活在其中的人们，将以此为荣，以此为乐。建筑师不仅可以影响、改变人们的生活，更重要的是他可以提升、改善人们的生活。赖特认为所谓"美"，应当源自人们的日常生活。最普通的用具，一旦经过巧思妙手的选择和组合，就能让使用者领悟深刻的美。

赖特的橡树园工作室的接待厅。窗子和天窗下的彩色玻璃，是典型的赖特早期构图风格

橡树园的自宅与工作室

伊利诺依州，1893-1898年

赖特的第一件独立设计完成的作品，就是他自己的家。这无疑是一个有趣的征兆，准确地预言了他日后的数百个建成作品当中，私人住宅在数量上将占据绝大多数。日后，无论是赖特自己拥有的家，还是租住一年半载的地方——例如他20世纪20年代在东京、50年代在纽约的寓所，他总是把自己的住所当成最方便的试验品，用它们来尝试他酝酿的新手法。

位于芝加哥郊区橡树园，一片植被茂密的街角地块里，赖特自己的住宅和工作室，就是第一次重要的试验。1889年，刚刚结婚不久的赖特自己设计了他的新家。它的总体风格，仍是美国东海岸地区盛行的木瓦坡屋顶形式，临街有一个非常显眼的三角形山墙。

赖特希望自己的生活环境、作品与建筑理想，全都合为一体。各个房间仍是传统的封闭状态，尚未出现日后"草原风格"那样的开敞流通，而是分为家庭共享活动、按照老幼年龄划分的不同活动空间。联排的竖条窗，带来明亮的自然光。起居室里的壁炉前，设有固定的座榻，形成亲密而又安详的小空间。赖特继承了19世纪末"工艺美术运动"对手工艺、装饰物的重视。他坚信这些精美的装饰物，对创造美好的生活有独特的效用。在他的家里，随处点缀着雕塑、织物、东方的地毯、日本的浮世绘或卷轴画。

1893年，赖特从埃德勒与沙利文事务所辞职，从此独立开业。1895年，由于孩子接二连三的降生，赖特对橡树园的家进行了大刀阔斧地改建。原有的厨房被扩建为宽敞的餐厅，配以瓷砖地面和瓷砖饰面的壁炉。赖特设计的椅背既高且直的橡木餐椅，在这里第一次登场。这种利用餐椅在餐厅里形成一个"小空间"、强化就餐仪式感的做法，将成为赖特"草原风格"的固定模块。在二层增加了女主人的日常起居室和儿童游戏室。

儿童游戏室的空间非常高大，考虑到小孩子的尺度，特意在两侧

上图：橡树园自宅的沿街立面
对页：橡树园工作室的绘图间

设计了窗台很低的宽大飘窗。整个空间的氛围，让人联想到神秘浪漫的《一千零一夜》——它正是赖特少年时代喜爱的书。赖特的女儿凯瑟琳（Catherine Dorothy，1894－1979），深情地回忆道：

"爸爸被人称为'橡树园的魔术师'（Wizard of Oak Park），他想到了一个儿童想要的一切。在宫殿一样的半圆形拱顶下，一端的墙上有一个壁炉，另一端是带有楼梯的夹层。屋顶中央巨大的天窗，就像一件图案精美的首饰。白天的阳光和夜晚的灯光，都从这里照下来。他请画家朋友贾尼尼①在墙上，画了《渔夫和魔鬼的故事》，就像半圆的明月悬挂在壁炉上方。"

1889年开始建造自己的家的时候，赖特就预测到，不久必将迎来电灯等家用电器的时代，当时已经在室内铺设了电线。1895年扩建时，厨房里餐桌的正上方、儿童游戏室的拱形屋顶中央，都设置了吸顶灯，灯具表面有贴着日本和纸的遮光木格栅。这也是他最早的灯具设计之一。

1898年，事业稳定发展的赖特，在自宅的旁边扩建了他的工作室，二者之间仅有一条走廊之隔。可容纳十几个助手的工作室主体，首层平面是正方形而对应的二层平面却是正八边形，体型组合非常别致。环绕着小中庭的二层楼板，由粗大的钢索悬吊着。屋顶正中央的天窗、首层和二层的侧窗，让室内空间整日沐浴在柔化的自然光里。家庭图书馆是赖特本人的绘图室，用于接待业主洽谈，也采用有天窗、侧窗照明的正八边棱柱形空间。赖特"草原风格"的多种细节手法，都在这次扩建的工作室里首次尝试。

橡树园的自宅与工作室，也像赖特的许多其他早期作品一样，在漫长的岁月里，经历了大量改造，其中不乏违背赖特精神的败笔。幸运的是，1974年，它被"赖特自宅与工作室基金会"（Frank Lloyd Wright Home and Studio Foundation）购买，并且于1976年，它被列入"国家历史名胜"②。此后启动了细致的维修和复原工程，直到1987年结束。目前，它与"罗比住宅"同归这家基金会管理，向公众开放。

①奥兰多·贾尼尼（Orlando Giannini，1860-1928），美国画家，与赖特多次合作，为其设计的住宅绘制壁画。
②"国家历史名胜"（National Historic Landmark）于1938年设立，是美国联邦政府设立的文化保护对象，包括有历史价值的建筑、名人故居、物品等，截至2017年，其名录已有约2500件。此外，1966年又设立《国家史迹名录》（National Register of Historic Places），作为国家公园管理系统的一部分，对象为值得保护的建筑遗产。截至2017年，其名录已有近9万件。

左图：工作室入口前的名牌
右图：工作室的接待厅，赖特设计的椅子和天窗彩色玻璃

对页：工作室里八边形的图书馆，赖特在这里与业主商谈

上图：卧室，墙上有定制的壁画
下图：通向工作室的走廊
对页：橡树园自宅起居室壁炉前的座榻

上图：修缮过的餐厅
对页：游戏室，半圆形的山墙上是定制的壁画《渔夫和魔鬼的故事》

草原住宅

出现于19世纪和20世纪之交的"草原风格"（Prairie Style），使美国建筑向崭新方向迈出的一大步。它的外观和当时流行的维多利亚式住宅迥然不同，然而这些特征，只是内部空间革新的自然结果。赖特写道：

"一座建筑应当从它立足的土地上轻松自如地生长起来。它应当以安详的姿态，有机地融入周围的环境，仿佛它不是出自某位建筑师之手，而是造化亲自的安排。我们这些生长在中西部大草原上的人，切不可忽略草原自然而然的美。你可以从下列特征认出属于草原的住宅：坡度舒缓的屋顶、深远的屋檐遮蔽、修长的体型比例和安详的轮廓线，还有端庄稳重的烟囱、宽敞的露台以及环抱自家花园的矮墙。……在我的头脑中，一座建筑的本质绝不是封闭的洞穴，而是宽阔的遮蔽物下面拥有美好视野的空间，在这里你同时拥有建筑内部和外部的视野。这种感受的根源在于，我生来是一个美国人，这里有无尽广阔的土地。我渴望一个现代人应当拥有的宽敞空间，我逐渐明白这是一个造化赐予的机遇。"

虽然这种建筑风格被赖特和一些志同道合的同行称作"草原风格"，事实上赖特的早期作品，大都位于芝加哥周边的城市郊区环境，并非通常意义的"草原"。这一概念的核心在于，象征一种新生力量，区别于欧洲和美国东海岸的文化传统。

赖特相信，他设计的住宅属于美国中西部平坦的大草原。它们令人联想到无限伸展的水平线，联想到美国这个新兴的民主社会，拥有无限广阔的未来。他抛弃了来自19世纪欧洲的、体态高耸的建筑范本。草原住宅有力地推动美国建筑，摆脱过去的束缚，自信地向前。

当时的街道两侧，排布着造型烦琐的维多利亚式住宅。赖特的草原住宅，舒展飞扬的屋顶、贴近地面的姿态，不失为令人惊奇的亮光。然而优雅的外观只是赖特作品的起点，室内空间总是蕴藏着更多惊奇。赖特厌恶高耸狭窄的阁楼，视之为陈腐生活方式的遗物，在他的作品中从无一席之地。他签名式的手法包括，刻意降低建筑的层高、剔除不必要的隔墙，取而代之以半高的隔墙或玻璃屏风，使不同的功能空间分区之间，尽量保持开敞的流通，同时强调壁炉周围的小空间在整个空间中的核心角色。他在《自传》中写道：

> "随着以上这些思路凝结成一座座住宅，实现自由的平面布局和消除无用的空间高度，奇迹出现在这些新的住宅建筑里。一种适度得体的自由理念，改变了整个住宅的面貌。住宅变得更适于人的居住，也更契合它所处的环境。……就建筑空间而言，产生了一种全新的价值观。"

鲍英顿住宅，纽约州，1908年。赖特设计的艺术玻璃窗和固定在餐桌上的灯具

为了让这种新颖的住宅获得社会认可，赖特认为建筑师必须主导方方面面的细节，就像大型乐队的指挥那样，协调各种乐器发出的每一个音符。除了建筑的主体结构，他需要控制家具、艺术玻璃、灯具、织物饰面、地毯、装饰摆件甚至书架上的内容。兼有理性的经验积累、审美天分的慧眼和果断的直觉，才能协调所有这些细节。它们当中每一件的存在价值，都体现在能够让生活环境的整体富有魅力。

在充分表达自己的艺术天分的同时，赖特也力求让每一座住宅，适应业主的性格和家庭的生活方式。他认为，用坚固耐久的材料，为个性不同的人们创造美好的生活容器，是世间最宝贵的职业机遇之一。在给业主库恩利的信中，赖特写道：

"我试图让每一座住宅贴合其主人的生活。如果住宅和它周围环境表现出的氛围，不能体现主人的气质，那么它就是一件失败的作品。萨金特是一位出色的肖像画家，然而画布上人物的个性，也必然因他的成功而'受损'。因为，当人们欣赏一幅肖像画，很容易认出它出自'萨金特'①

之手。那些请他把自己或家人定格在画布上的业主，显然都认同他的标志性风格。而只有这种认同，才会使画家获得成功。建筑师也处在和画家类似的有利（或者说不利）位置。当业主找到他的那一刻，必然有某种相互认同的东西，成为他们合作的起点。"

在赖特眼中，1902年建成的威利茨住宅，是第一座成功的"草原风格"作品。强烈的水平线条，使整座建筑亲密地贴近大地。威利茨住宅的平面近似一个"十"字形，起居室、餐厅等功能分区，围绕着位于两个方向轴线交点的大壁炉。相邻的区域之间，有自由的空间流线联系，同时各自与室外环境有紧密的联系。

随后的大约十年时间，赖特完成了数十个草原住宅的设计，其中只有少数几位业主的经济实力，足以支撑他实现艺术玻璃、家具、灯具、装饰品以及景观的整体设计。它们的业主不仅拥有可观的物质财富，更可贵的是，他们的艺术直觉和生活理想尚未被世俗所侵染，他们都毫无保留地信任这位与众不同的建筑师。自落成至今的一百年间，它们中的多数都经历了起伏坎坷。令人欣慰的是，这几件杰作目前都已归属专门的保护机构，经过细致的复原和修缮，基本上还原了最初落成时的模样。后续的几节，将详细介绍这些20世纪初期的世界建筑经典。

①约翰·萨金特（John Sargent，1856—1925），美国著名画家，以大量人物肖像画著称。

左图：厄温住宅，伊利诺依州，1909年
对页：赫特利住宅，伊利诺依州，1902年

草原住宅的家具

　　家具和陈设品不仅作为建筑构件的一部分，有助于定义空间，同时也作为建筑细节，有助于塑造空间的整体感、韵律和尺度。要实现赖特的整体构想，离不开他本人设计的家具和陈设品，包括固定的和可移动的家具、吸顶灯、吊灯和壁灯、艺术玻璃门窗。此外，赖特偶尔还会设计或者指定地毯、桌布等纺织品。他还会向业主推荐摆放特定的绘画、雕塑等艺术品，例如他本人钟爱的浮世绘、日本的屏风画等。芝加哥艺术学院的唐纳德·卡雷克教授（Donald Kalec）认为："如果没有一系列匹配的家具和陈设品，就不会有独特的室内空间和整体理念，当然也不会有我们所知道的草原住宅"。

　　用赖特自己的话来讲："你无法想象，建筑的主体和它的家具、陈设品是相互独立的两样东西，建筑的周围环境是另一个独立的旁观者。为了实现独特的建筑精神，必须让这些元素都融为一体。……暖气片、灯具、每一件桌子、椅子和橱柜，甚至包括乐器，都是建筑的一部分。……地毯和墙上的挂毯，对于建筑的重要性，不亚于墙上的抹灰饰面和屋顶上的瓦片。"

　　当时可以买到的成品家具，都无法满足赖特的审美要求。虽然他认同"工艺美术运动"（Arts and Crafts Movement）推崇的手工艺理念，然而他相信未来是机器制造的时代，设计师必须驾驭机器而不是盲目回避。赖特本人或者他的合作者设计新的家具方案，委托他信任的制造商实现高品质的定制家具。

　　赖特钟爱天然材料，尤其对于木材大加青睐。他设计的家具基本上以木质为主。为了最好地展示木材的天然纹理和颜色，他避免使用雕刻、车削或者弯曲等加工工艺。赖特认为："木材是对人最具亲和力的材料。人本能地喜爱贴近木材，欣赏它的纹理；把它握在手中，感受温和的质感。无论何时何地，所有人都认同木材固有的美。"赖特早期设计的家具，都是简洁的直线造型，彰显机器加工的精准和挺拔，以木材本身的色泽和纹理作为装饰，弥补过于硬朗的家具造型。

　　当然，这种严格的直线体块（辅以软包的坐垫），很难产生舒适感。日后，赖特自己也承认他的美学趣味和使用功能之间的矛盾。他在《自传》中不无幽默地写道：

　　"不久，我发现抽象化的家具的确是一个难以实现的目标。也就是说，将家具设计成建筑的同时也使它适于人的使用。我的一生当中，与自己早年设计的家具过分的亲密接触，屡屡让我身上紫一块青一块。或聚拢或独处，或坐或卧，人们都离不开家具。他们还必须吃饭。设计餐桌餐椅要容易许多，并且往往是一个体现艺术才思的好机会。安排一个人舒适而随意地独坐或者几个人围坐，则是一个棘手的问题，稍有不当，就会扰乱设计的整体划一。"

　　他的某些业主，显然强硬地要求满足舒适性，并且获得成功——经过建筑师的认可。他的合作者尼德肯，为库恩利住宅、罗比住宅和迈耶·梅住宅设计的软面布艺椅子，就是这方面的例证。

赖特为所有他的草原住宅都或多或少地设计了一些家具。然而，从他和业主沟通的信件可知，许多业主无力负担这些定制生产的家具。在这种情况下，赖特会坚持至少实现他设计的固定家具，例如书架、橱柜或者屏风式的隔墙。和可移动的桌椅相比，固定家具是与建筑关系更密切的一部分，并且会让室内空间更加开敞自由。赖特一般会坚持使用具有其签名风格的扶手椅、餐桌椅。一旦超出了起居室等核心空间，建筑师就鞭长莫及，业主们往往使用家里原有的或者商店购买的家具。

赖特设计的家具，会延续草原住宅整体的水平线条。桌面从桌腿向外悬挑，椅子则强调横梁、扶手等水平构件。数量众多的草原住宅里，家具风格都很近似，但是细节因不同住宅而变化。尤其椅子的样式变化多端。以功能划分，有扶手椅、靠榻、摇椅、化妆椅、没有扶手的餐椅、靠墙放置的边椅。以平面形状划分，有正方形、长方形、八角形或圆形。其中某些椅子仍保留在最初设计的住宅里，更多的已经散布于各家博物馆。

赖特认为，"设计餐桌餐椅比其他家具要容易许多，并且往往是一个体现艺术才思的好机会"。他惯用的餐桌是由两组木格栅作为竖向支撑，宽大的桌面向外悬挑。餐椅的靠背采用直接落地的木格栅（橡树园自宅、戴纳

住宅、马丁住宅和罗比住宅），或者整块的木板（利托住宅、迈耶·梅住宅）。无论是格栅还是整板，高高的餐椅靠背围绕餐桌，形成一个内聚的小空间，强化了就餐的仪式感。某些餐桌上，还配有固定的灯具（鲍英顿住宅、马丁住宅和迈耶·梅住宅）。

平面为六边形的一种扶手椅，出现在利托住宅和戴纳住宅（侧面为木格栅），也用于布莱德利住宅（侧面改为实木板）。既高且直的实木板靠背椅，适用于气氛庄重的厅堂；较低的木格栅靠背椅，适宜做化妆椅，这些设计多次用于不同住宅的卧室。威利茨住宅的餐椅，靠背有两种高度，较低的属于家里的儿童。戴纳住宅的餐椅，也有高低两种靠背，较低的专供某些带着宽檐帽的女士（以免帽檐撞到靠背）。戴纳住宅图书馆里木格栅靠背的椅子，也被用于库恩利住宅。早期设计的笔直落地的椅子腿，逐渐改为接触地面的位置略微放大，不但显得别致，同时也增强了稳定性。

草原住宅的大多数扶手椅和靠榻，都采用方正的直角构图，变化主要体现在木线脚和靠背、扶手的形式。它们都遵循赖特家具设计的原则：形状简洁、显露材料纹理以及制造工艺。某些椅子像孤立的小岛一样，放置在空间的中央，邀请人走过来坐在上面，谈话、读书或者欣赏音乐。椅子的靠背和两侧扶手的不同形态组合，塑造椅子多种多样的气质。例如，靠背和扶手都是竖向格栅（橡树园自宅）、扶手板是带有缝隙的整块木板（利托住宅、赫特

左图：巴顿住宅（马丁住宅的附属区域），楼梯间栏板上的灯具

右图：罗比住宅的餐桌和餐椅

利住宅）、靠背由不同尺寸的木板组合（戴纳住宅）。椅子的扶手总是很宽，足够放下一本书。

另一种靠背较低、整体接近正方体的扶手椅，最早用于赖特橡树园工作室的接待厅。日后，在此基础上加高靠背的版本，出现在戴纳住宅、威利茨住宅和布莱德利住宅。它的一个变异版本用在伊文思住宅，扶手的尽端变得向外弯曲。在它的基础上，椅子的平面从正方形变为正八边形，靠背从实板改为竖向的木格栅，逐步演变成马丁住宅里著名的"圆筒椅"。

赖特在事业后期设计的椅子，其中某些不仅缺乏舒适度，甚至不够稳定。但是他仍坚持认为，椅子的形式必须优先满足与建筑整体协调，不惜为此和椅子展开一场艰苦的"拉锯战"。赖特曾在很多场合，宣扬自己对于椅子的理论："我早年对于椅子的态度，介于蔑视和绝望之间。因为在我看来，坐着是人不得不屈就的一种粗鲁的姿势。既然这种姿势并不自然，那么就很难设计出一种'自然'的椅子。我认为，既放松又迷人的唯一姿势是斜靠着。……令人遗憾的是，我不得不为自己的住宅作品设计椅子。有机建筑渴望拥有理想的椅子，它不只是一件器物，更是整个环境中优雅的一部分。"

上图：巴顿住宅的吊灯
对页：巴顿住宅的餐厅，固定在墙上、带有艺术玻璃的橱柜

威利茨住宅的餐厅

艺术玻璃

草原住宅的家具和灯具令人耳目一新，我们不难想象，艺术玻璃这种历史传统悠久的形式，在赖特手中也显露出前所未有的新鲜气息。蒂芙尼和拉法吉①，都是以透光率很低的彩色玻璃刻画逼真的人物或动植物形象。赖特选择了与他们截然不同的表现手法，主要以无色或彩色的透明玻璃，锌或者铜质的分格条形成图案，水平或者竖向线条为主，辅以斜向线条，单纯的几何形和抽象的植物母题交织在一起。这种艺术玻璃，被赖特称作"光屏"（Light Screen），身处室内的观察者，其注意力可以聚焦在玻璃本身，或者透过玻璃观察室外环境。玻璃门窗还可以调节室内的光影效果。

赖特亲自设计了绝大多数建筑作品里的艺术玻璃窗，直到20世纪20年代初。他的构图元素，是许多尺寸、比例差异鲜明的长方形、三角形等直线几何形。其中某些图案的线条非常繁琐，一片窗子由上百块尺寸不同的玻璃拼合而成，某一座住宅就装有数百片这样的玻璃窗。仅仅艺术玻璃这一项的设计和制造，就是异常浩大的工程。围绕着大体相近的主题，玻璃图案有无穷无尽的微妙变化。难以想象，赖特亲自设计这些玻璃图案的同时，居然还有精力完成从整体到细节的数十个项目。

赖特在介绍他的艺术玻璃时写道："在我设计的建筑里，安装在墙面洞口的玻璃，就像材料展示柜里闪亮的宝石。线条图案可以用于建筑的各种材料和各种部位，当应用于玻璃窗，它既廉价可行又能产生最强烈的视觉效果。金属分格或密集或稀疏，有时它们处于视觉的焦点，玻璃本身退居次要，另一些情况下反之。室内空间的尺度和装饰的母题，决定了图案的具体形状。……戴纳住宅餐厅里的五倍子母题图案，是我心仪的代表作。"

在19世纪末的美国，住宅仍普遍使用类似断头机一样的竖向推拉窗。赖特的作品大量采用联成一排、向外开启的平开窗，作为室内与室外融合的界面。被抽象为直线图案的植物形象，成为外面真实自然界的前景。赖特设计的直线图案，整体上保持谦虚的静态，与室外真正的主角相比，多数情况下保持配角的身份。

当周围邻居的建筑刻板无味，或者主人需要保持更多的隐私，艺术玻璃窗上抽象的图案，就成为替代窗外真实环境的主角。主人的视线被这些图案精美、闪烁着亮光的"挂毯"所吸引，把注意力集中于诗意的室内空间，而暂时隔离外界的世俗生活。

除了门和窗，艺术玻璃还用于书架、餐具橱柜的玻璃门，以及台灯、吊灯、壁灯、天窗、和吸顶灯等灯具。这些艺术玻璃的线条图案，形成门窗图案的补充，同时与简洁完整的抹灰墙面或砖墙形成鲜明的对比。

赖特始终强调自然光对于室内空间的重要性，然而自然光的角度和强度，毕竟无法控制，只能巧妙地加以利用，而人工光源的灯具，可以实现更精准的设计和控制。他设计的艺术玻璃灯具，和门窗同样精彩、多样纷呈。建筑材料固然是空间气质和氛围的决定因素，然而光线效果无疑具有不可低估的魔力。

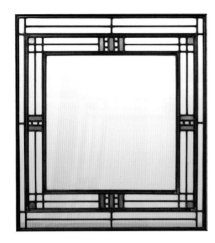

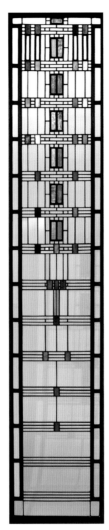

同样形状和材料的空间，会因光线效果而变得更有动态（锐化）或者静态（柔化）。无论自然光还是人工光，通过艺术玻璃的过滤，成为空间氛围的催化剂，带给居住者安详或者灵感。

①蒂芙尼（Louis Tiffany, 1848–1933）和拉法吉（John La Farge 1835–1910），都是19世纪末美国极具影响力的玻璃艺术家。

左图和中图：马丁住宅的艺术玻璃，橱柜的玻璃门和"紫藤"母题的玻璃窗
右图：戴纳-托马斯住宅的玻璃门

对页：马丁住宅里办公室的窗子
左图：马丁住宅著名的艺术玻璃 "生命之树"（Tree of Life），用于楼梯休息平台处的窗子
右图：巴顿住宅餐厅的玻璃门

上图：戴纳-托马斯住宅，壁炉上方天花板上的艺术玻璃灯具
对页：戴纳-托马斯住宅的主人卧室

草原时期的代表作

苏珊·劳伦斯–戴纳住宅

（现名戴纳–托马斯住宅）
伊利诺依州，1904年

戴纳–托马斯住宅的主入口，门前是雕塑家博克专门为该住宅创作的雕塑，得名于英国诗人丁尼生的诗句。

1902年，赖特接到了他独立开业以来最大的项目委托，业主是苏珊·劳伦斯–戴纳夫人（Susan Lawrence Dana, 1862–1946）。劳伦斯家族在伊利诺依州的首府斯普林菲尔德（Springfield）地位显赫。这座住宅将注定成为当地"文化与上流社会的灯塔"。

劳伦斯夫人是一位没有子嗣的年轻寡妇，丈夫和父亲在1900年和1901年相继去世。她从父亲那里继承了巨额财产。这是赖特第一次有机会，不受造价预算的束缚，彻底实现他的设计灵感。最终的成果，是一件令人惊叹的艺术杰作。它就像一幅巨大的拼图，有许多环环相扣的精美细节，却奇迹般地没有丧失庄严的统一效果。在它建成之后的几十年里，历任主人都尊重它的艺术价值。在赖特的早期杰作当中，它以建筑和室内陈设得到最完整的保护而著称。目前，它的艺术玻璃和绝大多数家具、陈设品，都保持着一百多年前落成时的模样。

戴纳住宅坐落在距离铁路不远的一块街角用地。它的外观毫不张扬，屋顶坡度低缓，线条简洁。你很难凭此想象，它的内部有何等戏剧性的华丽。主入口就在临街显眼的位置——这一点不同于绝大多数的赖特作品。走进半圆拱顶下的玻璃门，是狭小的过厅。你的面前与身后的上方，分别有一片蝴蝶母题的圆环状艺术玻璃。这里仿佛是一道别致的"门槛"，隔绝了外面喧闹的城市和室内幻境一般的天地。推开另一道玻璃门，面前是雕塑家博克[①]为戴纳住宅定制的陶土雕塑："墙缝里的花朵"[②]。一位静雅的女性，低头注视着双手下方抽象的建筑形象。它象征着赖特毕生信奉的建筑哲学：任何有机的人工形式，都有其自然界的根源。

在入口门厅，沿着"L"形的楼梯向上，来到了两层通高的接待厅。在高直挺拔的空间里，设有两处小尺度的空间变化，其一是高背座榻、吸顶灯围合成温馨的壁炉前小空间。另一处是有人物群雕的小喷泉。接待厅右侧玻璃门的后面，是有三面采光的起居室。

从接待厅继续向前，你会看到半圆拱顶下、高达两层的餐厅。这里可供40位客人同时就餐。四周的墙面上，尼德肯[③]绘制的五倍子和菊花图案的壁画，以及浪漫的蝴蝶状吊灯，营造出优雅而又华丽的宴会氛围。举办隆重宴会时，乐队可以在餐厅入口上方的平台，提供现场的音乐伴奏。

从接待厅向左，穿过一道玻璃门，进入摆满绿植的走廊。走廊尽头的楼梯，是通向两个重要空间的分岔口。沿着楼梯向下是图书馆；拾阶而上，就进入了图书馆正上方的家庭画廊。这里和餐厅一样，拥有两层高的半圆拱顶。和餐厅不同的是，拱顶两侧的高窗透进明亮的自然光。家庭画廊的尽端，是和接待厅里相同做法的壁炉前小空间。壁炉上方有另一处平台，可供乐队在此演奏。

接待厅、餐厅和家庭画廊，都是两层通高的竖向空间，这是赖特的住宅作品里非常罕见的手法。餐厅和家庭画廊的圆拱形天花板上，都有深色的木质装饰带，强化拱顶的围合感。水平方向的过梁和木线脚、直线形状的梁柱和玻璃图案，分别在竖向空间、拱顶空间起到"均衡"的角色。

和中产阶级业主委托赖特的住宅相比，戴纳住宅近乎一座宫殿，面积规模达到约1200平方米，包含分布于三个楼层的35个房间。艺术玻璃可谓无处不在。几百扇门、窗、灯具，所有的图案都不是完全重复，而是呼应各自所处的空间。在此需要提醒21世纪网络时代的人们，1902年的美国，电灯在许多地方仍是新奇的事物。爱迪生发明的白炽灯，在1879年试验成功。截至1907年，全美国只有约8%的家庭装有电灯。戴纳住宅是斯普林菲尔德市最早安装电灯的私家住宅之一。赖特用艺术玻璃作为灯罩的各自灯具，例如入口的拱形吸顶灯、餐厅和家庭画廊里的蝴蝶形吊灯，以及黄铜支架的台灯和壁灯，就像日本传统的织锦，在透光的材质表面，闪烁着金属线条的光泽。

戴纳住宅所有的玻璃，都是由芝加哥的林顿玻璃公司（Linden Glass Company）制造。此后几年，赖特还会继续对这家公司委以重任，制作他设计的费时费工的艺术玻璃。除了大量用于门窗的玻璃，还有一种台灯灯罩，由琥珀色、金色和绿色玻璃镶嵌而成，是赖特的玻璃设计作品集中的亮点之一。

木质线脚和家具一样，其形状和出现的位置，都是精心设计的结果。赖特并不像许多现代建筑大师那样彻底抛弃它，而是非常谨慎地调遣它，用来为整体空间增色。他写道："我希望提醒建筑专业的学生们，线脚只能用于凸显结构性的构件，并且只能出现在极具感染力的构图中"。戴纳住宅里的家具，包括扶手椅、靠墙放的边椅、餐桌椅和橱柜，都带有线条挺拔的建筑体块感。家具表面细腻的橡木纹理，起到了"柔化"体块感的作用。

戴纳住宅最初存在的目的，就是作为全州首府城市的社交舞台，而它的女主人正是舞台的主角。这样的功能定位，使它并不需要温馨的小情趣。尽管如此，这座建筑里仍然有某些舒适的小尺度空间，例如餐厅里临窗的早餐区、起居室壁炉旁的座榻区、雕塑和绿植围绕着的室内小喷泉。

虽然担负着文化沙龙的社会重任，戴纳住宅仍保持着一种出奇的宁静氛围。一部分原因在于，它的大量线条图案（尤其是艺术玻璃），整体上保持着协调和统一。深色的橡木线脚或者饰面板，如同室内的壁画或者土黄色抹灰墙面的"画框"。宽大的木线脚，细小的木线脚桌椅等家具上水平方向的木线脚，也是为了呼应这一细节。

戴纳住宅也有一些可移动的装饰摆件，但绝不是维多利亚时代流行的琐碎小玩意儿的堆砌。赖特精心挑选了几尊古典雕塑的缩小复制品，例如断臂的维纳斯、米开朗琪罗的大卫等，它们和赖特设计的花坛和花瓶，摆放在视线的关键位置，起到锦上添花的点缀效果。生活环境中的装饰物，必须是精心设计的产物。这就意味着，它们应当具有平静的姿态，绝不会喧宾夺主。优美的颜色、柔和的肌理和材料质感，这些元素的适当组合，是构成理想装饰的必要条件。

1944年，查尔斯·托马斯（Charles Thomas）从戴纳夫人手中买下了这座住宅（连带其中的家具）。1981年，伊利诺依州政府购买了这座住宅，将其定名为"戴纳-托马斯住宅"。1987年，开始了历时三年、耗资五百万美元的整修工程。州长詹姆斯·汤普森（James Thompson）以个人之力相助，收集到了流失在外的家具或陈设品，包括如今摆在起居室里的双支座台灯。这件建筑艺术的奇迹，终于恢复到了女主人刚刚入住时的面貌。

①理查德·博克（1865-1949），生于德国的美国雕塑家，曾为赖特的数座代表作定制雕塑。

②这件雕塑的立意，来自丁尼生1863年所写的一首短诗《墙缝里的花朵》（Flower in the Crannied Wall）。阿尔弗雷德·丁尼生（Alfred Tennyson，1809-1892），英国维多利亚时代最著名的诗人之一。

③乔治·尼德肯（George Niedecken，1878-1945），美国艺术家，曾和赖特长期合作，负责多座草原住宅的壁画、室内陈设品设计。

戴纳-托马斯住宅的沿街立面

对页：接待前厅，赖特设计的高背长椅、壁炉铁架以及壁炉上方的内置灯具
上图：家庭画廊里的壁炉前，赖特设计的座榻
下图：布满绿植的温室走廊，通向家庭画廊和图书馆

左图：餐厅里赖特设计的"五倍子花"母题的玻璃窗、蝴蝶形吊灯和尼德肯创作的壁画
上图：家庭画廊里角窗前的蝴蝶形吊灯
下图：起居室的双支架艺术玻璃台灯
对页：家庭画廊里，赖特设计的版画陈列桌、高背座榻等一系列家具。

马丁住宅

纽约州，1905年

马丁住宅的外立面

达尔文·马丁（Darwin Martin，1865-1935）是水牛城当地拉金公司（Larkin Company）的高级经理。他出身贫寒，通过自己的奋斗，在中年时期积累了相当的财富。他深深为赖特的艺术天分所折服，不仅是赖特最重要的业主之一，同时也是长期从经济和精神上支持他的挚友。

赖特为他设计的住宅，实际上是一个小型的建筑群，包括马丁夫妇的住宅、巴顿夫妇（马丁的姐姐与姐夫）的住宅、马车房、专为园丁设置的住宅，以及建筑周边的景观花园。

马丁住宅的空间布局，比赖特同时期的其他作品，显示出更鲜明的日本建筑的影响。建筑的平面呈不对称的"十"字形。从辅助入口到一条狭长的过厅，毫无遮挡地经过一条近30米长的连廊，通向巴顿住宅和马车房组成的建筑群另一侧。长廊轴线的收尾处，是一尊带翼的胜利女神[1]的足尺复制品。它是赖特格外欣赏的古代雕塑之一，曾在他的多座住宅作品里选用，作为重要的室内装饰。

起居室位于正中，餐厅和阅读室分列两翼，构成了连续开敞的空间主体。功能分区之间适度的分隔，依靠几组独特的"组合柱"（Pier Clusters）。其中每一组都由四根相邻的柱子组成，布置在一个正方形的四角。这些功能分区之间，可以通过悬挂的帘幕提供更有私密性的分隔，就像日本传统的贵族住宅里灵活的推拉隔断。起居室与它旁边宽大的门廊交接处，是一排五扇玻璃门构成的主入口，同样是借鉴日本传统建筑，弱化室内与室外界限的过渡空间。

尽管有数量可观的可开启外窗，由于出挑深远的屋檐遮住了直射的阳光，马丁住宅的室内显得比较暗。尤其是起居室，它的一侧带有宽大的门廊，从侧面投入室内的自然光更加有限。因此，在起居室的入口上方，设置了天窗。然而，仍未能彻底缓解起居室里的幽暗。所幸，起居室里壁炉的墙上，金色的马赛克壁画晶莹闪烁，可以增添些许亮色，就像赖特熟悉的日本贵族住宅里金叶装饰的屏风画那样。

落成伊始的马丁住宅，总计有赖特设计的394片艺术玻璃和55件家具，是赖特所有"草原风格"作品中倾注心血最多的代表作之一。艺术玻璃包括门、窗、天窗、吸顶灯。在玻璃门和窗的设计中，引入了鲜明而又抽象的植物图案，其中最著名的"生命之树"和"紫藤"玻璃窗至今仍是广为流传的经典。天窗和吸顶灯这些水平放置的艺术玻璃，其分格图案更加简单和几何化。戴纳住宅的周围景色乏善可陈，而马丁住宅则大为不同。打开门窗，室外花园里精心设计的自然景观，也成为室内景观的一部分。因此，北侧的餐厅和南侧的阅读室某些外窗上采用了无色透明玻璃。

赖特为马丁住宅设计的家具，包括桌子、书架、橱柜、没有扶手的靠墙椅、休闲的矮椅、沙发和扶手椅。其中值得一提的是平面为圆形的弧形靠背扶手椅，被称作"圆筒椅"（Barrel Chair）。它深受赖特本人的青睐，日后不仅用在他自己的住所"塔里埃森"，并且在30年后，经过略微的修改，再一次出现在赖特设计的"展翅"住宅里。赖特还特意设计了有固定灯具和绿植盆的餐桌。但是1908年拍摄的照片上，已经没有了它的踪影，想必是主人认为它过于突兀，在入住后不久就被搬走了。

在赖特漫长的事业生涯中，他会间歇性地对金色的装饰产生莫名的热情。马丁住宅室内的砖墙，水平砖缝都采用金色的抹灰。起居室和过厅之间有一对相同的壁炉，两个壁炉的墙上采用金色的玻璃马赛克，贴出抽象的紫藤图案。如此的光艳奢侈，或许只有用在面积规模和豪华程度如马丁住宅，才不至于过分轻浮。此外，赖特成功地说服了马丁夫妇，浮世绘完美地匹配在他的草原住宅室内。早期拍摄的照片显示，装在画框里的浮世绘出现在室内的多个位置。

组合柱是重要的多功能元素，它们既提供结构支撑、遮蔽采暖散热片、同时也为安装书架、壁灯提供墙面。在1911年德国瓦斯穆特出版社（Wasmuth）发行的赖特作品集里，建筑师本人为这种别致的多功能构件写下详细的注解：

> "在马丁住宅的平面图上，你很容易注意到一些孤立在空间中的组合柱。采暖散热片就设在四个柱子围成的空隙中央。相邻两根柱子之间的空隙，下半段是固定的书架，装有向外开启的木门；上半段是可以向外开启的玻璃窗，冬季采暖的热气正是从这里吹出。书架与砖柱之间狭长的竖向缝隙，相当于新鲜空气的进风口……必要的物质功能，成为建筑艺术效果的一部分。"

马丁住宅的家具、灯具与陈设品等室内设计的方方面面，无一遗漏，其细节之精美令人惊叹。它和戴纳住宅，并列为赖特作品当中"整体艺术"的典范。令人遗憾的是，它的命运却与戴纳住宅有天壤之别。1929年的经济大萧条，让马丁先生陷入破产，不久就因病去世。他的遗孀无力维持这座豪华的住宅。接下来的几十年里，它先后经历了彻底废弃、被购买后分割改建为公寓、局部甚至被拆除等一系列厄运，它原有的艺术玻璃、家具和陈设品散失严重。直至1967年纽约州立大学水牛城分校买下马丁夫妇住宅，用作其校长的住所。1992年成立了专门的"马丁住宅保护公司"（Martin House Restoration Corporation）。这家企业与纽约州立大学、纽约州的政府保护机构进行三方合作，启动了持续数年的修缮工作，涵盖马丁夫妇住宅、巴顿住宅和园丁的住宅，原样重建了温室、被拆除的长廊和马车房，并且尽量恢复了家具、壁炉等室内细节以及室外景观。

①带翼的胜利女神像（Nike of Samothrace），1863年由法国探险队在希腊东北部爱琴海上的小岛上发现，据推测完成于公元前200年前后，经过多年的修复，头及双臂仍缺失。直至1884年，开始在卢浮宫永久展出。

左图：起居室里的设计，是典型的赖特"草原风格"的后期风格
右图：接待厅里专门靠墙放置的高背无扶手椅。桌上的装饰物，是日本著名的彩釉陶器"萨摩烧"

对页上图：接待厅
对页左图：接待厅
对页右图：砖墙之间的
艺术玻璃窗和圆球形
壁灯
上图：从餐厅透过起居
室，看向阅读室方向
下图：住宅内办公室的
艺术玻璃天窗

库恩利住宅

伊利诺依州，1906年

晚年的赖特自己认为，库恩利住宅是他毕生最成功的作品之一。在他的《自传》里写道："今日回首，我依然感到那是当时我能够设计出的最好的住宅。"

首先，库恩利住宅是平面功能分区的典范。分区明确的几个功能模块，被灵活的曲尺形走廊联系，酷似日本传统的贵族住宅。每一个功能分区，都有来自三面的采光与通风。几个分区各自独立，同时组成和谐的整体。二层的起居室，位于一层游戏室的正上方，二者共同占据了"L"形平面布局的关键节点。与起居室比邻的餐厅，自成一个分区。厨房与仆人房合成一个分区，家庭成员的卧室、客人卧室形成另外两个独立的分区。

尽管被建筑师视为自己最满意的作品之一，库恩利住宅受到的关注度，显然不及其他几座"草原住宅"的代表作。主要原因在于，日后它被人为地分割和改建，偏离了最初建筑师和业主共同塑造的模样。所幸，目前它已经得到了较为妥善的保护，经过了适当的修复，逐步接近落成时的状态。

库恩利住宅的室内空间，可谓朴实的辉煌。通过你业已熟悉的空间转折和收放，当你来到二层（整个建筑的主要空间），面前是一片明亮宽敞的视野。起居室朝向三个方向的外墙有开窗。起居室的天花板中央耸起，类似缓坡的金字塔形。天花板上宽窄两种木质线脚，形成的富有韵律的装饰图案，强化了空间的整体感和围合感。体态坚实的大壁炉，和空间整体的轻盈氛围形成均衡。固定在铜框内的半球形乳白色玻璃灯具，在整座住宅多次出现。墙面和天花板上微妙的浅绿、土黄和米黄色，随着不同季节、不同时刻的光线而产生变化。

餐厅通过楼梯间旁的走廊，与起居室相连。餐厅同样有三个方向的外墙上有开窗，余下的一面是自己的壁炉，以形成围合。

上图：库恩利住宅外景
左下图：从通向二楼的楼梯看起居室方向
右下图：从起居室看楼梯方向

建成不久后拍摄的黑白照片，显示了这些空间中优雅丰富的细节。库恩利住宅的艺术玻璃，或许是所有赖特住宅里图案最简洁的。但是它的直线装饰母题，同样在其他构件中变奏重现，例如灯具、窗帘、地毯、桌布、尼德肯绘制的壁炉上方的壁画、赖特和尼德肯合作设计的家具，以及赖特设计的两件铜质的大花盆（现已散失）。

库恩利住宅的空间组织，有力地诠释了赖特的理念："建筑的本质并不是封闭的洞穴，而是遮蔽物下面开敞的空间，让室内与室外的景致难分彼此"。研究界广泛地认为，赖特的草原风格住宅是自然界遮蔽物的抽象结果，例如它的屋顶象征着遮蔽风雨的树枝。华盛顿大学的建筑学教授希尔德布兰德（Grant Hildebrand）在他的研究专著《赖特空间》（Wright Space）一书中写道：

"（库恩利住宅的起居室）空间似乎成为壁炉的一个放大层次，只不过这个空间的整体，不再是壁炉那样封闭的洞穴，而变成树丛下温柔的遮蔽空间。墙壁顶部灯带和屋顶上的天窗，共同塑造的光环境，酷似从树木枝叶的缝隙间洒下的自然光。置身于起居室的屋顶下，阳光、雨水和大树的枝叶，似乎就在你头顶的不远处。和其他的赖特住宅相比，我们在这里更容易理解，为什么赖特把起居室、餐厅等设置在住宅的顶层（贴近屋顶和天空）？也更容易理解，起居室的壁炉墙上优美的植物图案，为什么显得格外的自然？"

1955年11月《美丽的住宅》（House Beautiful）杂志，是赖特住宅作品的专刊。编辑伊丽莎白·戈登（Elizabeth Gordon）写道："在我参观过的所有住宅当中，我想把'伟大'这样的形容词留给库恩利住宅……。我曾经多方探寻理想的住宅典范，在走进库恩利住宅之前，我从未感受到如此彻底的惬意、发自内心的震撼。在这里，我们的居所、艺术与生活合而为一。"

左图：壁炉旁尼德肯设计的摇椅，以及他绘制的以蕨类植物为母题的壁画
右图：起居室里赖特设计的地毯、尼德肯绘制的壁画，1910年照片

上图：餐厅的壁炉和壁炉上方带格栅图案的天窗。壁炉后面是入口的楼梯
对页：入口的楼梯，右侧是尼德肯绘制的壁画

罗比住宅

伊利诺依州，1910年

罗比住宅外观

左图及右图：起居室里赖特或尼德肯设计的家具

1910年完工的罗比住宅，是赖特的"草原风格"当中，水平线条的气势、流线型的姿态表现最为强烈的巅峰之作。受制于临街的一块进深很小的狭长用地，它的平面布局没有采用"十"字形的双向轴线，而是沿着用地的纵向展开。竖向结构支撑构件的视觉效果被弱化，悬挑的屋顶、坚实的砖墙仿佛就漂浮在地面之上。它既没有阁楼也没有地下室。主要的起居空间在二层。洗衣房等辅助房间和台球室等娱乐活动空间，位于一层。大起居室位于视野开阔的二层，同时保证家庭活动的私密性，避开路旁行人的视线。

进入罗比住宅的过程，是经典的赖特式空间序列。入口设在远离街道的建筑背面，首先迈入狭小并且略显阴暗的方形门厅，几步之外，就是通向二层的楼梯。大起居室和餐厅这两个最重要的开敞空间，分列于楼梯的两侧。大壁炉紧邻着楼梯，同时充当起居室和餐厅之间的"屏风"。壁炉顶部的洞口，使其两侧的天花板、两侧功能不同的空间保持完整流畅。起居室和餐厅朝着临街的南面，是一长排落地玻璃窗，同时也是可以逐扇打开的门，通向外面长条状的露台。

罗比住宅总共有174片艺术玻璃窗和门。随着一天当中阳光角度的变化，采用三角形和钻石形几何母题的玻璃图案，在室内的地面和墙上投下无穷变化的阴影图案。定制设计的花坛里盛放的绿植，强化了建筑的室内与室外景观的融合，同时适度地柔化非常硬朗的建筑轮廓。以自然的产物（植物）映衬人造的产物（建筑），是所有赖特作品中的收尾笔触。

室内的主要材料，包括红色橡木、米黄色的抹灰饰面，以及和外立面砖墙相同的"罗马砖"（Roman Brick），这种贴面砖的立面长宽比接近1∶6的，进一步突出舒展的水平线条。赖特与尼德肯再次合作，设计了最初落成时的室内家具，包括高背双人长椅、沙发、各个空间里相应的桌椅、地毯和灯具。其中

一件精美的双支座台灯，目前已经流入私人收藏。大壁炉北侧，原本放置一件高背的双人长椅，可以和搬来的单个椅子组合，组成温馨的谈话空间。

挺直的高背餐椅，围合出就餐区"大空间里的小空间"，实现了赖特推崇的就餐"仪式化"。餐椅的木质靠背，采用细密的竖条格栅，呼应楼梯等室内其他位置出现的类似木格栅。与大致同时期设计的鲍英顿住宅、迈耶·梅住宅类似，餐桌靠近四角的位置，各有一个灯具固定在拔高的桌腿顶部，灯具下面可以摆放绿植，取代了烛台和鲜花摆在餐桌上中轴线的传统形式。餐厅的尽端朝向东面，是平面旋转45°、类似"船头"形状的别致空间，在这里适合享受轻松的茶点，或者沐浴着朝阳的早餐。起居室西面的尽端，也有一个与之对称的"船头"小空间，走出室外就是一片被悬挑屋顶遮蔽的露台，可以从这里悠闲地欣赏晚霞。

沿着起居室和餐厅的长轴方向，特制的灯具序列限定出无形的"走廊"空间。天花板上设有吸顶灯，被细密的橡木格栅过滤后的灯光，被赖特戏称为"月光"。完整的乳白色玻璃球灯具，由木框固定在墙上，则是"太阳"。曾用于库恩利住宅、迈耶·梅住宅的半球形壁灯，也多次出现，充当点缀性的配角。

光始终是赖特设计的核心因素之一。优美而舒适的光线效果，从不会凭空而来。透过艺术玻璃"光屏"的自然光、精心设计的各种人工光，随着晨昏交替，在罗比住宅达到了一个新的高峰。

不幸的家庭变故，让主人罗比缩减了最初设计的一些室内陈设，并且入住不足两年就在1911年卖掉了他的住宅。此后又转手于两个买家。1926年，芝加哥神学院（Chicago Theological Seminary）购买了这座建筑。然而接下来的20多年里，疏于管理和修缮，造成多件家具流失，建筑本身也多有破损。1957年，芝加哥神学院计划将其拆除，引起建筑界和社会多方的关注。其后不久它被赖特的富商好友买下，随即捐赠给芝加哥大学。

被赖特本人称作"现代建筑奠基石"的罗比住宅，终于在1963年被列入"国家历史名胜"，1966年，它又被列入刚刚设立的"国家史迹名录"（第一件获此殊荣的赖特作品）。截至目前，已经有将近100座赖特作品名列"国家史迹名录"。20世纪七八十年代，罗比住宅被用于芝加哥大学的"史蒂文森国际事务学院"以及大学的校友会。直至1997年，它被芝加哥的"赖特保护基金会"（Frank Lloyd Wright Preservation Trust）接管，经过系统的修缮之后向公众开放。

左图及右图：餐厅里赖特设计的家具

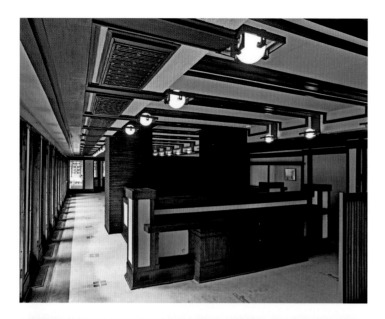

上图：从餐厅看起居室方向，壁炉的墙后面是楼梯
下图：壁炉划分出开敞空间里的起居室和餐厅，右侧是通向露台的联排玻璃门
对页：起居室尽端"船头"形状的小空间。固定在墙上的圆球形灯具，是赖特"草原风格"后期的常用手法，产生类似人造"阳光"的效果

迈耶·梅住宅

密歇根州，1908年

上图：迈耶·梅住宅外景
下图：从门厅看楼梯方向

这座住宅的业主迈耶·梅，是一位事业有成的制衣商。赖特为他设计的家，位于大急流城的富人聚居区——也就是日后的"遗产山历史保护区"[①]。无论一个世纪前，还是今天，在周围荷兰传统式（Dutch Colonial）、英国的乔治式（Georgian）、都铎复兴式（Tudor Revival）建筑的包围下，这件赖特作品都显得鹤立鸡群。

和戴纳-托马斯住宅、马丁住宅相仿，迈耶·梅住宅也是典型的"整体艺术"杰作，包括赖特和尼德肯合作设计的艺术玻璃、地毯、家具和壁画。室内以暖色为基调，深浅不一的黄色墙面、玻璃和织物，以及棕色木质线脚的组合，让整座住宅洋溢着家庭的温暖气息。

令人遗憾的是，它和马丁住宅经历了同样的坎坷命运。1936年，主人去世后，它曾被空置了几年，而后多次转卖，直到1985年，当地著名的家具厂商"世楷"（Steelcase）买下迈耶·梅住宅，开始精心的复原工作。复原时，首先拆除了业主迈耶·梅由于家庭添丁，而委托其他建筑师设计的加建部分。

保存在密尔沃基艺术博物馆的"尼德肯档案"里的原始图纸，是复原家具和陈设品的重要依据。依据尼德肯档案里的羊毛样本，制作出用料和原件几乎完全相同的地毯。在当地的旧货市场的仔细搜寻，找到了一些原属迈耶·梅住宅的家具。根据原始图纸，制作了依旧缺失的家具和装饰物。最终的修复成果，非常接近1910年主人夫妇入住时的模样。

在赖特的草原住宅，你往往需要仔细寻找，才能发现精心隐藏的主入口。迈耶·梅住宅主入口位于建筑背面中央的位置。推开门，是一个异常狭小的过渡空间，面前是竖条木格栅的"屏风"，室内的景象半隐半露。连续向左转，再向右转，走上几步台阶，才能到达门厅，顿时豁然开朗。起居室和餐厅分别在左右两侧，一直向前则是沿街的门廊。站在门厅里，你会立刻感觉到，建筑师为主人一家精心营造的安详与温馨。

金黄色的橡木用于墙壁和天花板线脚，以及艺术玻璃门窗的"画框"。起居室、门厅、餐厅的墙上，很宽的木质饰面板，形成水平方向连续的装饰色带，把不同的空间更紧密地联系起来。壁炉上方的砖墙，水平方向的砖缝里特意嵌入金色的玻璃条，用微妙的晶莹闪光，进一步强化舒展的水平线条，同时呼应整个室内秋天一般的暖色基调。壁炉和它旁边固定的书架和条凳，形成赖特住宅里惯用的"温暖组合"。照向天花板的灯，暗藏在木线脚上方和室内的装饰花坛里，形成柔和的反射光。半球形的定制壁灯，在室内多处作为点缀出现。

餐厅里的大餐桌，是赖特作品里很少见的设计手法。接近正方体的艺术玻璃灯具，固定在拔高的四个桌腿顶部。在灯具和桌腿之间，还留出放绿植或鲜花的位置。餐厅和门厅之间的隔墙，既划分出功能分区，同时保持空间的自由流动。在修复过程中，除去这面墙上的涂料，显露出了最初尼德肯绘制的"蜀葵"母题的壁画。餐厅外墙上的艺术玻璃窗，采用和餐桌上灯具、餐具橱柜门统一的直线几何图案。

这座住宅总计有116片艺术玻璃窗，采用镀铜的锌质窗格。起居室临街的外墙上，四对玻璃门、每一对门上方的正方形高窗以及各自对应的天窗，形成连续的视觉感染力。住宅的地势比周边略高，透过起居室的玻璃门，尽享周围邻里的建筑风采。在玻璃门外面宽敞的露台上，可以和街道上走过的邻居们互致问候。

迈耶·梅住宅里舒适的生活氛围，或许会让参观者感觉似曾相识，缺乏强烈的新鲜感。然而，著名建筑史学家、耶鲁大学教授文森特·斯卡利（Vincent Scully，1920-2017）认为：

"（迈耶·梅住宅）似乎非常自然而普通，事实上它丝毫也不平淡。它凝聚了赖特风格的多种灵感源泉和典型

手法。它有一种区别于其他赖特作品的整体感。我们观察的第一印象，总是最真实的。它是一件完整的艺术品。这座面积不大的住宅所产生的力量，远远超出了你所期望的体验。它让平凡的家庭生活得到升华，让我们沉浸在金色的、永恒的光辉中。"

①位于大急流城（Grand Rapids）的一片住宅区，在十几平方公里的范围内，保存着19世纪中叶以来的上千座住宅，被称为"遗产山历史保护区"（Heritage Hill Historic District）。1971年，作为整体列入《国家史迹名录》。

从门厅看餐厅方向，隔断墙上是尼德肯绘制的壁画

上图：起居室里，赖特设计的地毯和尼德肯设计的家具。壁炉墙上的水平砖缝里，嵌着金色的玻璃条
下图：赖特设计的整套餐桌椅，玻璃灯具固定在伸出的四条桌腿上
对页：起居室里，赖特设计的艺术玻璃与尼德肯设计的扶手椅

草原住宅的入口、门厅与楼梯

赖特总是细心地处理住宅的入口空间，往往把入口刻意设在不引人瞩目的位置，位于一条曲折的室内路径的起点。同时，他适度压缩门厅和楼梯间占用的空间，在总面积规模的限制下，让实用的起居空间尽可能地宽敞。

但是，这并不意味着他忽视入口、门厅与楼梯空间。这些交通性的空间，通常配以艺术玻璃、别致的灯光设计、装饰性的墙板，以及戏剧性的流线转折，使人产生探索的新鲜感。

对页：巴顿住宅，纽约州，1903年。入口处典型的赖特风格艺术玻璃门和壁灯
右图：布莱德利住宅，伊利诺依州，1900年

对页：弗瑞克住宅，伊利诺依州，1901年
左图及右图：格雷德利住宅，伊利诺依州，1906年

上图：厄温住宅，伊利诺依州，1909年
对页：戴维森住宅，纽约州，1908年

对页：托马斯住宅，伊利诺依州，1901年
上图：齐格勒住宅，肯塔基州，1910年
下图：巴顿住宅，纽约州，1903年

上图及右图：威利茨住宅，伊利诺依州，1902年。楼梯间里有定制的古希腊雕塑复制品

草原住宅的起居室

维多利亚时代美国住宅里，起居室往往是封闭的"盒子"。赖特的创新之一，就是在家庭活动区域，打破小房间的格局。外墙上水平方向连续的开窗，引入自然光和新鲜空气，在开敞的起居空间里自由流动，同时使人在各个位置都能欣赏到周围的室外景观。

对页：斯图尔特住宅，加利福尼亚州，1909年

右图：切尼住宅，伊利诺依州，1903年

上图：罗伯茨住宅，伊利诺依州，1908年（1955年由赖特设计改建）
下图：托麦克住宅，伊利诺依州，1907年
对页：戴维森住宅，纽约州，1908年

对页：切尼住宅，伊利诺依州，1903年
左上图：格拉斯纳住宅，伊利诺依州，1905年
右上图：弗瑞克住宅，伊利诺依州，1901年
下图：斯托克曼住宅，爱荷华州，1908年

对页：格林尼住宅，伊利诺依州，1912年
上图：斯图尔特住宅，加利福尼亚州，1909年

上图：库恩利住宅，
伊利诺依州，1906年
下图：贝克住宅，伊
利诺依州，1909年
对页：戴维森住宅，
纽约州，1908年

草原住宅的餐厅

在赖特心目中，就餐是朋友和家人们亲密交流的重要机会，而精心烹饪的食物和摆放优雅的餐具，会强化就餐的仪式感。他通常会设计高靠背的餐椅，在整个餐厅空间里，含蓄地营造一个围绕着餐桌的、无形的小空间。

对页：弗瑞克住宅，伊利诺依州，1901年
上图：比奇住宅，伊利诺依州，1906年
下图：斯托克曼住宅，艾奥瓦州，1908年

餐厅的灯光，是赖特投入巨大精力的设计重点。吸顶灯、吊灯、壁灯和固定在餐桌上的灯具，构成灵活多变的组合。

上图：戴纳-托马斯住宅，伊利诺依州，1902年
下图：库恩利住宅，伊利诺依州，1906年
对页：威利茨住宅，伊利诺依州，1902年

对页：格林尼住宅，伊利诺依州，1912年
上图：赫特利住宅，伊利诺依州，1902年
下图：比奇住宅，伊利诺依州，1906年

左上图：切尼住宅，伊利诺
依州，1903年
右上图：托马斯住宅，伊利
诺依州，1901年
下图：厄温住宅，伊利诺依
州，1909年
对页：汉德森住宅，伊利诺
依州，1901年

对页：托马斯住宅，伊利诺依州，1901年。沿着餐厅的墙壁有固定的壁橱，既可以存放餐具物品，也可以摆放装饰品
上图：厄温住宅，伊利诺依州，1909年

上图：赫特利住宅，伊利诺依州，1902年
下图：鲍英顿住宅，纽约州，1908年
对页：罗伯茨住宅，伊利诺依州，1908年
（1955年修复）

草原住宅的细部

赖特相信，一座建筑里的所有元素共同构成一种完整的建筑语言。各种功能、各种位置的细部，包括灯具、艺术玻璃和家具等，都由同一个几何和装饰母题衍生、变化而来。

对页：斯图尔特住宅，加利福尼亚州，1909年。室内玻璃隔断与外窗上的图案分格
右图：罗比住宅，伊利诺依州，1910年。角窗的艺术玻璃

左图：切尼住
宅，伊利诺依
州，1903年。艺术
玻璃窗和壁灯，
都是最初建成时
的模样。日后添
置的家具，是赖
特20世纪50年代
设计的

对页：库恩利幼
儿园，由库恩利
住宅的女主人创
办，伊利诺依
州，1912年。三
联屏风式的玻璃
窗，气球和碎纸
花作为图案母题
的艺术玻璃，呈
现活泼天真的气
质，迎接到这里
玩耍的儿童们

对页：鲍英顿住宅，纽约州，1908年。餐桌上固定的灯具
上图：汉德森住宅，伊利诺依州，1901年
下图：统一教堂，伊利诺依州，1905年

上图：罗比住宅，伊利诺依州，1910年
下图：罗伯茨住宅，伊利诺依州，1908年
（1955年修复）
对页：厄温住宅，伊利诺依州，1909年

草原住宅的厨房

赖特设计的草原风格住宅的厨房，其功能定位是服务于人口较少的家庭配以数量较少的佣人。戴纳-托马斯住宅的厨房是一个特例，需要服务于人数较多的宴会。其他的绝大多数厨房，不再像19世纪许多美国住宅里的厨房那样，划分操作间、储藏间和配餐间，而是合为紧凑和高效的一体。

戴纳-托马斯住宅，伊利诺依州，1904年

上图：威利茨住宅，伊利诺依州，1902年
下图：鲍英顿住宅，纽约州，1908年
对页：格雷德利住宅，伊利诺依州，1906年

草原住宅的卧室

在赖特设计的草原住宅里，卧室的私密封闭感和起居空间的开敞流动感，形成鲜明的对比。卧室总是舒适惬意，对于面积较为狭小的卧室，采用向外开的平开窗，尽量增加室内的实用空间（20世纪初美国住宅仍通行竖向的推拉窗）。

对页：汉德森住宅，伊利诺依州，1901年
右图：斯托克曼住宅，艾奥瓦州，1908年

上图：富贝克住宅，伊利诺依州，1898年
下图：托麦克住宅，伊利诺依州，1907年
对页：鲍英顿住宅，纽约州，1908年

上图：格林尼住宅，伊利诺依州，1912年
下图：赫特利住宅，伊利诺依州，1902年
对页：齐格勒住宅，肯塔基州，1910年

戴纳-托马斯住宅，伊利诺依州，1904年

威利茨住宅，伊利诺依州，1902年

事业间歇期的装饰高峰：1910-1924年

　　赖特独立开业的头二十年，他的才华与勤奋共同结出了丰硕的果实，有将近150件作品建成。然而，私生活方面的波澜和纠葛，让他身心疲惫，促使他的生活和事业都做出关键的转向。

　　1909年，位于柏林的德国瓦斯穆特出版社，计划为他出版作品集。赖特利用这个机会，把事务所托付给另一个建筑师，离开自己的家庭，和他的情人一道远赴欧洲。这是他第一次来到欧洲，感受和芝加哥迥然不同的生活和艺术氛围。他首先来到柏林与出版商洽谈，而后前往意大利，在佛罗伦萨郊外的小镇，精心绘制作品集所需的图纸。在意大利，"艺术的创造力，始终敲击着你的心房。"赖特发现了又一种和他心心相通的文化。赖特写道："在这里，建筑、图画和雕塑，就像路旁的野花那样悠然自在。它们质朴的精神奏响乐章，为我们的生活注入无数灵感。"

　　回到美国之后，赖特在威斯康星州的塔里埃森安家，而他的建筑语言也发生了变化。草原风格仍然尾声不绝，例如位于明尼苏达州的利托住宅。但是他在接下来的设计中，大量使用比草原风格更强烈的装饰手法，留下了芝加哥中路花园、东京帝国饭店，还有位于洛杉矶的一系列混凝土砌块住宅。

东京帝国饭店，1923年。大会客厅（又名"宝之间"）北侧壁炉上方的壁画。

巴恩斯道住宅
（蜀葵住宅），加
利福尼亚州，1921
年。起居室的西
北角

中路花园

伊利诺依州
1914年（1929年拆除）

赖特非常欣赏欧洲式的室外休闲场所。他希望在芝加哥创造一片独特的建筑场所，人们在这里能畅饮（酒吧的经济收益点）、就餐、欣赏音乐和舞蹈，从事各种娱乐活动。他的目标是提供多种多样有趣的体验。他相信，"视觉形式为眼睛带来的享受，正如音乐带给耳朵的享受。"简单的几何元素，包括直线、长方形、三角形和圆形，以组合变奏的形式，出现在灯具、家具、定制的壁画和雕塑里。

赖特在他的《自传》里这样描述他设计"中路花园"的主旨：

> "我想要回归最本质的原则——一切都是纯净的形式；优质的材料和精巧的施工，用砖编织美丽的图案；邀请绘画和雕塑加入进来，在同一盏神灯的照耀下，实现一切艺术形式的综合。中路花园里的绘画和雕塑，将重归它们最初的角色，也就是从属于建筑的一部分。建筑师将重归他作为统帅的地位。"

整座建筑，被封闭的砖墙和带浮雕肌理的混凝土墙所围合。它包括供露天活动的夏季花园（能够便捷地改造成室内空间），和旁边室内化的冬季花园。露台开敞的夏季花园，位于用地中央，东西两侧有音乐演奏的舞台和音乐厅，南北两侧屋顶花园下的柱廊。冬季花园包括仅接待注册会员的餐厅和酒吧。酒吧墙上精心绘制的彩色壁画，是建筑的亮点之一。为餐厅设计的壁画，始终未能实现。装饰感的混凝土柱头、充满节日气氛的吊灯、采用三角形图案的玻璃门窗、四座平顶的高塔、数十个抽象人形的混凝土短柱，以及夏季花园里散布的绿植，都成为活跃空间的主要动力。夏日的夜晚，顾客们可以落座于露台

上图："海边的城市"壁画设计
下图：中路花园的宣传册封面
对页：夏季花园，被冬季花园、柱廊和装饰性的高塔所围合。

上或者亭子里，一边用餐，一边欣赏星光下的音乐会。日落西山之后，设计独特的灯光为中路花园增添了奇幻的色彩，吸引着想要暂时避开凡俗琐事的人们向这里涌来。

赖特为夏季花园和冬季花园都设计了专门的家具，然而为了尽早开业，工期和资金投入都被不断压缩，主要的家具中仅仅实现了一种六角形、金属和玻璃制成的餐桌灯。赖特设计的木质和金属餐桌、餐椅，延续了圆形、长方形和三角形的几何母题。所幸，至少有一件轻盈典雅的椅子设计，用在了大约十年后建成的东京帝国饭店。

数十年后，赖特回忆起"中路花园"，仍对因资金不足而无法实现的设计念念不忘，引以为憾：

"墙壁上的混凝土浮雕图案之间，应当镶嵌深红和绿色的玻璃，然而我们没有资金实现这一设计。我们也没有资金，在冬季花园竖起四座绿藤和鲜花装饰的高塔当作迎客的标志。也没有资金在花园角上栽植大树。……它不仅开业的时候没有完工，后来也从未真正完工。入口处的装饰尚未完成，冬季花园的高塔没有任何装饰，还有其他各处的缺陷。

但是最初我们憧憬的氛围已经实现。建筑的形式、色彩、灯光和乐声鲜活灵动，是每一位顾客都难以忘怀的画面。成百上千个衣着艳丽的女子和身着燕尾服的男士在画面中游走。每一个看到这幅画面的人，都觉得它是具有魔力的咒语。所有人都仿佛置身于梦境。"

在赖特原本憧憬的蓝图里，"（芝加哥）市民们越是需要在美之中享受快乐，在快乐之中享受美，也就越需要一个艺术化的约会场所"。开业之后，它过于红火的餐厅生意，逐渐偏离了建筑师的期望。然而，真正致命的打击来自于《禁酒令》[①]。中路花园的持有者，不得不将其出售。这座建筑洋溢着的乐观情绪，被1914年爆发的第一次世界大战冲散。接下来无法预期的厄运连连不断，命运多舛的中路花园，最终于1929年被彻底拆除。

① 美国于1919-1933年期间，以宪法修正案的形式实施严格的禁酒令，在全国范围内禁止生产与贩卖个人消费用的酒精。

对页：题为"海边的城市"的壁画，充分展现了"中路花园"的轻快和节日氛围，芝加哥的市民们将在这片建筑的奇迹乐园里，享受美食、音乐和跳舞
左图：酒吧的入口
右图：冬季花园的餐厅

新帝国饭店

日本，东京，1923年（1968年拆除，1976年局部复原）

> "与音乐一样，建筑也具备以简洁构筑宏伟殿堂的能力。"
>
> ——赖特《一部自传》

在赖特的数百个建成作品当中，帝国饭店是面积规模最大、最具挑战性的建筑之一。1853年美国海军准将佩里（Matthew Perry, 1794-1858）的战舰，逼迫这个东方古国敞开了国门。此后，外交官、商人和富于文化冒险精神的游客，源源不断地来到日本。19世纪末的日本，已经与外面的世界有密切的交流。鉴于日本的传统旅馆，仍旧是在地榻上跪坐和就寝，西方人难以适应。1890年，为了更好地接待外国访客，第一座帝国饭店在东京的核心区落成。

在帝国饭店落成之际，它是日本第一个也是唯一的西方式旅馆。此后的20年间，随着在东京停留的西方人数量骤增，只有70套客房的帝国饭店，远远无法满足接待需求，重建的任务迫在眉睫。

1916年，赖特接到了设计新帝国饭店的正式委托。早在1911年，比赖特年长一辈的资深浮世绘鉴赏家古金[①]，在给赖特的一封信表明，他已经是备选的建筑师之一："我隐约地感到，这是一个创造建筑杰作的机会。难道我们不能既保留日本的建筑精神，同时又满足来自世界各地的客人的舒适惬意吗？如果由你来设计，你应当为日本人、欧洲人和美国人都树立一个典范。"

由于1912年7月明治天皇病逝，筹建新帝国饭店的项目陷于停滞。不久以后的1913年1月，赖特为谋得这一机会亲赴日本。回到美国后，他分别写信给两位从前的业主兼朋友，马丁和利托。言辞之间，表示出自信满满，俨然已经为设计新帝国饭店做好了准备。

上图：男宾会客室
左下图：平面中轴线上的室内长廊
右下图：大宴会厅里，大谷石雕刻的柱头装饰。

新的帝国饭店，由日本皇室与几位巨商共同投资。在它存在的40多年里，散发着浓郁的浪漫气息。如今，它已经不复存在，因此也更加显得神秘。雕刻着绚丽的凹凸肌理的大谷石[②]和陶板、金黄色的砖墙，组成一幅奇特而又迷人的彩色画面，令人仿佛置身于魔法师的宫殿里。在帝国饭店，赖特把自己的文化想象力和图案表现力推向极致。他把自己对于遥远的日本怀有的浪漫遐想，投入在东京（曾经的江户）度过的一千零九个日与夜——或许还掺杂了他少年时代酷爱的《一千零一夜》的奇幻，谱写出这部建筑的交响曲。

作为身在日本的西方建筑师，赖特努力向自己崇拜的古老文化致敬。最大的挑战在于，一座满足西方人和东方人现代生活需求的建筑，如何承载精神和美学的传统，如何在提供温馨惬意的同时保持庄重和仪式感。他希望把握日本的景观、色彩、肌理和形式，使这个国家的主人和客人都感到舒适自如。帝国饭店的角色不仅仅是一座旅馆，它是东京名流荟萃的舞台，这里多姿多彩的社交和娱乐活动，吸引着世界各地的客人们。

赖特形容新的帝国饭店，是类似股票交易大厅（Clearing House）一样的社交中心。东方和西方的文化在此交汇，帮助这个国家实现"从木头到砖石，从跪坐到高坐"的转变。作为日本的第一座现代的高级旅馆，它成为国家的象征物之一，也是首都东京的国际社交中心。

门厅的角落，附着在结构柱身上华丽的镂空和浮雕装饰

虽然整座建筑是各部分紧密联系的整体，但是它的核心仍然非常突出，那就是红砖和大谷石构成的、装饰华丽的公共空间。在建筑的中轴线上，是大约100米长、6米宽的室内长廊。围绕着长廊，布置有16个晚餐包间和不同功能的会客厅。从中央长廊，可以直达1000座剧场，也可以便捷地到达容纳300人就餐的烧烤餐厅，这个退台状的空间也兼作酒吧，配有舞台和舞池。剧场的正上方，是颇有气势的休息大厅。休息大厅直接通向一处主要的屋顶花园。而屋顶花园下方，是可容纳1000人就餐的大宴会厅。服务于不同人群的社交场所之间，有紧密的空间联系，各自都有围合的花园、开敞的露台。

东京和赖特此前的事业基地芝加哥远隔万里，帝国饭店表现出的浓烈

会客厅里赖特设计的家具和壁炉上方的壁画
烧烤餐厅（兼作酒吧）

的装饰风格，和他此前的作品有鲜明的差异（除了不久前落成的"中路花园"），但是它仍贯穿着许多赖特的标志性手法。例如，入口空间被刻意处理得较为低矮，经过先抑后扬而豁然开朗，更加突显主门厅的高敞明亮。高达三层的大厅里，竖向的体量感和阳台、石材装饰带的水平线条感相互映衬。竖向线条与水平线条的对比和均衡，营造出人性化的空间尺度。

著名的赖特研究专家杰克·奎南（Jack Quinan）写道："（赖特的作品），始终强调尺度的问题，无论建筑的气质是雄健还是柔美，无论是否有许多装饰的细节，保持如一的是更为关键的价值。赖特的作品，具有清晰明确的语法和稳定的风格，同时从纯粹美学的视角衡量，也是完美的整体。"

整座建筑呈中轴对称的"H"形平面，中央是公共活动空间，由平台和天桥联系两翼的客房。建筑的体量

隔离了外部街道的喧闹，围合成多个形态各异的庭院。它们就像日本传统庭院那样，是室内空间的延伸。赖特在1923年介绍帝国饭店的文章中强调："帝国饭店的设计主旨，就是一系列屋顶庭院、地面庭院和下沉庭院的组合。"位于不同标高的走廊和台阶、朝着门厅和中轴长廊敞开的室内阳台，以及室外的天桥和露台，为私密闲谈和正式社交活动，提供了多种层次的公共空间。

以今天的标准衡量，普通客房的面积并不大。赖特的逻辑在于，客人们餐厅、会客厅等公共空间里尽情交流和享受，客房只是充当休息场所。高级套间更宽敞一些，但是空间仍很紧凑。普通客房和高级套间，都采用集中供暖，有配备相同标准的家具，包括灯光经天花板反射的落地灯、写字台、茶几、软包的扶手椅和轻巧的木椅。此外，还配备有化妆台、镜子、悬挂衣物的衣柜以及摆放旅行箱的储物空间，一应俱全。

帝国饭店赋予赖特又一个宝贵的机会，让建筑成为集合各种艺术形式的有机整体。赖特调遣各种材料独特的色彩和肌理，让建筑的结构构件产生了前所未有的装饰效果。灯具并不是如通常的做法那样固定在墙上，而是隐藏在柱子两侧的镂空陶板的后面。大谷石雕刻的华丽而密集的图案，遍布于公共空间。"对于日本人的审美习惯而言，这座建筑的肌理或许过于粗糙——它不像光洁的丝绸围巾，而更像一块手工编织的羊毛毯。它是由砖、石头和铜构成的巨大的拼图，混凝土与钢筋镶嵌在缝隙之间。"

墙面和柱子上的装饰、家具、灯具、艺术玻璃和地

毯，所有元素都贯穿着简单的几何母题。一位记者在它落成不久后，这样描述帝国饭店的门厅："具有雕塑感的柱子、质感粗糙的大谷石雕刻、黄砂颜色的天花板、厚实柔软的地毯，所有这些融于一体，泛着黄色与绿色的微光。我感到一种梦幻般的宁静，周围客人们问候寒暄的声音似乎都离我远去。安详而又庄重的氛围在空气中流动，包裹着每一位客人。"

尽管室内有非常繁复的细节，但是整个空间仍具有统一的基调。异域的浪漫气息，和宁静优雅毫不冲突，反而神奇地融为一体，恭候远方而来的客人们。

帝国饭店在它诞生的过程中，就曾引起巨大的争议。当日本政府计划拆除它、在原址建造接待能力更大的高层酒店时，许多建筑师和有识之士多方奔走，但是仍无法挽救它。帝国饭店终于在1968年被拆除，它的门厅和入口前的露台水池，耗资数百万美元，被搬迁到名古屋市附近的"明治村"。这座由建筑群落组成的露天博物馆，集中了明治和大正时期的建筑标本。各种建筑材料曾经共同奏响宏大的空间交响曲，如今只能通过这很小的一块"残片"来回味。

长期旅居东京的著名美国作家和翻译家塞登斯蒂卡[3]，深情地写道："（帝国饭店）在喧闹的市中心，创造了一片古雅的静谧。它的消失，是第二次世界大战后东京城市遭受的最大损失。"

①弗雷德里克·古金（Frederick Gookin，1853-1936），美国著名的日本美术研究者，曾任职于芝加哥艺术学院。

②日本栃木县大谷出产的一种火山石，其特点是重量轻且空洞多、硬度不高，因此易于雕刻，数百年来被大量开采用于建筑装饰。

③爱德华·塞登斯蒂卡（Edward Seidensticker，1921-2007），以完成《源氏物语》的英译著称，同时也是川端康成和谷崎润一郎作品的权威译者，为川端康成获得1968年诺贝尔文学奖的重要推手。

左图：客房室内
右图：选自1923年帝国饭店宣传册的照片
右上图：门厅与室内的长廊
右中图：大宴会厅与烧烤餐厅
右下图：豪华套间与标准客房

上图：门厅入口处的装饰细节
对页：从门厅看大宴会厅，柱身上红砖和大谷石之间，陶制镂空板遮挡了暗藏在后面的灯光，形成精致的照明效果

巴恩斯道住宅

蜀葵住宅
加利福尼亚州，1921年

赖特忙碌于设计东京帝国饭店的同时，并没有完全放弃在美国国内的项目。其中最富挑战性的一项委托是位于洛杉矶的巴恩斯道住宅。女主人艾琳妮·巴恩斯道（Aline Barnsdall），是石油大亨的女儿。她最初在芝加哥结识了赖特，作为戏剧的狂热爱好者，请赖特为她在洛杉矶设计一座剧场，在剧场旁边则是自己的住宅，一并由赖特设计。项目的设计过程中，建筑师经常身在日本，而业主乐于在欧洲旅行，两人都只有少量的时间出现在洛杉矶，同时在现场的时间则更稀少。他们之间大量的沟通，不得不借助于信函或电报，这让设计和施工过程平添了许多周折。

这座住宅因女主人喜爱的"蜀葵花"（Hollyhock）而得名。它打破了赖特秉承的选址原则，选址在山坡的"头顶"而不是"前额"，这样可以获得俯瞰洛杉矶市区的绝佳视线。接近"U"字形的平面布局、外观像是封闭的城堡，这些都和赖特此前的作品截然不同。当然，室内仍保持着赖特式的开敞与通透。

环绕着景观优美的庭院，排列着相互独立的起居室、餐厅、佣人房、客人卧室和主人卧室。这种异常清晰的功能分区，曾经出现在此前的库恩利住宅，还会在以后的"展翅住宅"中重现。只要符合主人的生活习惯，赖特并不反对重复使用。蜀葵住宅的功能布局，让你联想到古代贵族的府邸，而赖特在日本期间造访了许多当地的贵族，对此并不陌生。日本贵族府邸的常见格局是，侧面通透的连廊围绕着构图精巧的花园和水池，连廊同时串起相互独立的几个生活区域。沿着蜀葵住宅庭院里的楼梯，登上屋顶的露台，周围的城市景观尽收眼底。

开敞的大起居室两侧，各有一个独立的小空间用于阅读室和音乐室。起居室和室外庭院之间，通透的门廊作为空间过渡。正像是日本传统建筑中，用推拉门划分或者沟通室内外空间，这里的起居室和门廊之间，有折叠推拉的艺术玻璃门。起居室里的视觉焦点，是混凝土块砌成的大壁炉，表面有直线和圆形的浮雕图案。壁炉前是两片曲折的小水池，壁炉正上方是有木条遮光格栅的天窗。土、火、水和风，这四大元素似乎都在此交汇。起居室里浅黄色的粉刷、木质线脚、用于门和窗的艺术玻璃，显然都是赖特的草原风格的延续，但是建筑师同时也在刻意尝试新的手法。

草原风格住宅里常见的橡木，也出现在蜀葵住宅的起居室，用于墙面、天花板的线脚和家具。由赖特设计、刚建成时摆在起居室里的两组沙发，呈斜向摆放在壁炉前，呼应在建筑中多次出现的斜线构图。这些沙发日后遗失了。目前摆放的是复制品。桌子、椅子、矮凳和两个高大的落地灯具，围绕着沙发摆放，形成完整的构图。落地灯具的灯光指向天花板，通过反射提供照明（目前摆放的也是复制品）。起居室里的其他家具，包括曾用于"帝国饭店"的布面软包的扶手椅。两幅日本的屏风画，分别固定在起居室相对的墙上。依照赖特的设计，画面上亮丽的金色背景衬托优雅的自然形象（松树与仙鹤），二者的加入才让整个室内空间变得完整。

与赖特的大多数住宅作品不同，蜀葵住宅的餐厅不是起居室的一部分，而是一个完整独立的空间，标高也比起居室高几步台阶。墙面以木板贴面为主的餐厅面积很小，六把餐椅围绕着正六边形的餐桌，呼应女主人喜欢人数很少的小型家宴。"蜀葵"高直的茎秆和线条感很强的花朵，经过直线化的抽象，成为贯穿整栋建筑的装饰图案母题，以混凝土浮雕的形式多次出现。餐厅里赖特设计的餐椅，高直的木靠背上，有一根类似"茎秆"的立柱和密集的装饰线条，也延续了"蜀葵"母题。餐桌一侧的墙上是带窗下墙的普通窗，另一侧是通向室外花园的落地窗。餐桌正上方造型别致的吊灯，不知出自哪位设计师之手（显然不是由赖特设计的）。摄影师贝克（Viroque Baker）1922年拍摄的照片，证明它在女主人居住期间就安装在餐厅里。目前的吊灯，是日后住宅修缮的过程中，依照老照片所仿制的。

蜀葵住宅代表一个阶段的终点。线条图案密集的艺术玻璃，这一赖特"草原风格"的签名式手法，已经接近尾声。在蜀葵住宅，艺术玻璃的斜向线条明显占据了主导，生成三角形和平行四边形的图案。大量无色透明玻璃之中，点缀着紫色、乳白色的玻璃块。

蜀葵住宅也是一个关键的过渡节点，赖特利用来它，探索某些新的建筑语言。建筑师和业主之间效率低下的远程沟通，耗尽了双方的精力和耐心。以至于作品落成之时，双方都表示不甚满意。1921年6月，在它将要竣工的时候，赖特给巴恩斯道的信中写道："房子已经立起来了，这是你的家。它是你的，因为它让你付出了许多代价。它也是我的，因为它也让我付出了许多代价。它也属于全人类，因为它——谁知道呢？"

乐于漂泊旅行的业主巴恩斯道小姐，在这座住宅里享受浪漫安逸的时间寥寥无几。1927年，她就把蜀葵住宅捐赠给了洛杉矶市政府。此后的数十年里，为了适应各种使用功能，建筑内部经历了多次改动。从20世纪70年代开始，依据当时留下的一些线索，蜀葵住宅逐渐恢复到了建成伊始的面貌。

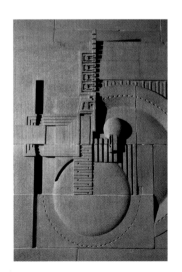

对页：从起居室看东侧的室外庭院，前景是布局对称的定制家具组合
上图：壁炉上方的天窗和前面的小水池

左图：混凝土浮雕装饰和艺术玻璃
右图：艺术玻璃的图案细节
对页上图：起居室的西端，前景为赖特设计的家具
对页左下图及右下图：餐厅里赖特设计的餐椅，靠背有抽象的"蜀葵"母题图案

混凝土砌块住宅

1922年，赖特最后一次告别日本，回到了美国。他困守在自己的庄园塔里埃森，事业凋敝，没有业主问津。第二年，他前往加利福尼亚州，在洛杉矶建立了事务所。由于蜀葵住宅奠定的基础，赖特希望在西海岸找到新的事业机会。

赖特原本计划在石油大亨多希尼（Edward Doheny，1856-1935）拥有的贝弗利山牧场里，用带有凹凸肌理图案的混凝土砌块，建造一组文化建筑。这个愿景宏大的项目，始终停留在纸面上，但是在洛杉矶周边，有四座以这种方式建造的小住宅得以实施，聊以慰藉满怀失望的建筑师。

在20世纪20年代，混凝土仍主要用于工业建筑或基础设施，它在住宅或公共建筑方面的潜力被大大地低估。这时，赖特提出了一种全新的建造方式，以表面光滑或者带凹凸肌理的混凝土模块，垒砌成双层的中空墙体，用钢筋把砌块"编织"成一个整体。

赖特在《自传》里详尽描述了这种编织的建造方式：

"找到某一种建造方式作为建筑的出发点，这是我从未动摇过的目标。……当我们拥有了一种理性和可行的建造方式之后，形式将及时地主动现身。混凝土砌块？建筑世界里最廉价（同时也最丑陋）的一员。在混凝土砌块之间埋设钢筋，让砌块结合成一个整体，形成一种简洁实用的建造方式。这难道不是一种现代建筑的新语汇吗？它将具备耐久、典雅与优美的特征，并且保持廉价的本色。

作为一种具备可塑性的材料，它适合表达丰富的想象力。一种编织的过程浮现在我眼前。何不编织一座建筑呢？我仿佛看到一个以钢筋为经线，砌块作纬线编织而成的建筑外壳。相邻混凝土砌块之间的缝隙里布置钢筋，再灌满混凝土。用同样的手法，砌筑中空墙体的内外两侧。

外墙砌块上的孔洞编织在一起，成为外壳的一部分。室内空间透过这些孔洞与室外交融。肌理丰富的外壳，将塑造具有真正建筑意义的体量。在此，装饰将与建造过程浑然一体。"

第一座建成的混凝土砌块住宅，是梅拉德住宅。女主人爱丽丝·梅拉德（Alice Millard），曾委托赖特在芝加哥设计了一栋草原风格的住宅。后来她迁居到洛杉矶，以收藏和出售古董为业。赖特希望他的第一座混凝土砌块住宅，"拥有美好的活力和树丛一样的肌理。这个建筑将由混凝土砌块构成，但是却像一种独特的树，与周围其他的树一起生长在它扎根的土壤里"。由于体型小巧，赖特给它取名"微雕"（La Miniature）。女主人要求在房间里摆放自己收藏古旧家具和装饰品。因此，建成之后并没有使用赖特设计的家具和装饰品。

与赖特此前的绝大多数住宅不同，坐落在一片峡谷里的"微雕"住宅，外观没有舒展的水平线条，而是近乎立方体，强调竖向的体量感。三层的使用空间，围绕着位于平面核心的壁炉和烟囱。首层是服务间和餐厅，餐厅直接通向室外花园和一片宁静的小水池。起居室和客人卧室位于二层。主卧室位于顶层，有一片退台形成的屋顶花园。

具有十字形母题浮雕图案的和表面平坦的混凝土砌块，编成了一幅散发着古老文明气息的"织毯"，和它紧凑的"古

堡"体型相得益彰。然后走进室内，却是你意想不到的开敞和明亮。两层通高的起居室，朝向室外庭院的一侧，铺满了混凝土壁柱、玻璃门和十字形镂空的砌块。玻璃门扇上的木质分格，继续呼应混凝土浮雕的构图。起居室的另一侧，浮雕图案的混凝土墙环抱着壁炉。红木的天花板、木梁和门窗框，在混凝土的底色中增添了温暖的色彩。被镂空的砌块墙过滤后的阳光，照进白天的室内，使人仿佛置身于树荫下。夜晚从镂空处透出的点点灯光，流动着浪漫的诗意。

其他三座混凝土砌块住宅，与梅拉德住宅不同，都坐落在坡地上，具有眺望洛杉矶市的优美视野。它们采用的混凝土砌块，都有各自独特的图案母题。它们延续了赖特一贯的空间手法，人行的路径收放转折，弱化室外和室外的界限。斯托尔住宅的餐厅位于一层，起居室位于它正上方的二层。分布在两层的卧室，分别比餐厅和起居室的标高略低几级台阶。动态区和静态区的衔接处，是围绕壁炉的楼梯。餐厅和起居室的南北两侧，都是整层高的竖向落地窗，窗间是布满浮雕图案的混凝土壁柱。

在混凝土砌块住宅的家族里，恩尼斯住宅的面积最大，具有神庙一般的纪念性气质。它的空间核心是一条幽长的柱廊，一侧朝向室外庭院，另一侧是起居室与餐厅。柱廊的顶端设有高窗。少量使用的艺术玻璃窗，为赖特的这一经典手法画上了句号。

在私生活和经济状况同时陷入困境的时期，赖特已经没有精力完善混凝土砌块住宅的施工细节。赖特委托他的长子，建筑师劳埃德·赖特（Lloyd Wright，1890-1978）在洛杉矶现场监理，他自己回到了威斯康星州的家。除了与墙体施工合为一体的浮雕装饰，他也无暇为这几座混凝土砌块住宅设计定制的家具和装饰品。

1929年，赖特设计了另一座混凝土砌块住宅，业主是他的表弟理查德·劳埃德-琼斯（Richard Lloyd-Jones）。它位于俄克拉荷马州的图尔萨市（Tulsa），面积规模相当可观，将近1000平方米。但是采用的混凝土砌块，大多是平坦的表面，少量有简单的凹凸肌理，没有强烈的装饰感。直到第二次世界大战后的20世纪50年代初，混凝土砌块才以另一种面貌，重新出现在赖特的眼前。

对页及左图：梅拉德住宅，"微雕"，加利弗尼亚州，1923年

梅拉德住宅

"微雕"加利福尼亚州，1923年

上图：在二层阳台俯瞰起居室
下图：起居室
对页：起居室朝向室外庭院的一侧

恩尼斯住宅

加利福尼亚州，1924年

上图：外观远景。由多个体块组合而成，具有强烈的构成感
下图：从起居室看卧室的入口处
右图：柱廊形成的灰空间
对页：汽车入口和日后加建的铁艺大门

对页：餐厅的地板标高比起居室略高，形成一片独特的小空间
左图：卧室
右图：卫生间

弗里曼住宅

加利福尼亚州，1924年

上图：外景现状
下图：为弗里曼住宅专门设计的混凝土砌块
右图：建筑入口
对页：起居室里透过玻璃幕墙和镂空的混凝土砌块，眺望洛杉矶的城市面貌。

斯托尔住宅

加利福尼亚州，1923年

上图：沿街立面
下图：从起居室看室外露台
对页：一层的餐厅，混杂了不同时期赖特设计
的家具

上图：四间卧室之一

对页：四间卧室之一，室内除了少量木质家具或线脚，全部显露混凝土砌块自然的肌理

动荡岁月的低潮与复兴：1922-1940年

1922年夏天，赖特告别日本回到美国。其后的十年时间，他的私人生活和建筑事业，都充满了动荡和落寞。他与第二任妻子的矛盾趋于激化，甚至对簿公堂，招来众多报纸记者的围追堵截，耗时数年方才平息。1925年，赖特的私家庄园塔里埃森因受到雷击而第二次失火。他投入资金，试图重建被烧毁的部分建筑，却陷于破产的边缘，塔里埃森险些被当地银行作为抵押品而没收。

即便身处这样的窘迫与动荡之中，赖特的创造力仍有火光闪现。只不过那一时期的绝大多数设计方案，都由于种种原因而停留在绘图板上。其中包括在芝加哥的国家生命保险公司办公大楼、马里兰州的斯特朗汽车度假园、亚利桑那州的圣马克斯度假酒店、纽约市的圣马可高层公寓等。假如这些方案当中的任何一个得以建成，就足以让赖特的事业出现另一波高峰，并且让他摆脱持续数年的经济困境。在他的亲人、几位忠实的朋友和律师的奔波努力下，赖特终于从银行赎回了塔里埃森，保住了这个稳定的居所，继续未来的建筑事业。

面对惨淡的现实，20世纪20年代后期的赖特，把很大一部分精力用于巡游演讲与著述。1927至1928年间，他在《建筑实录》（Architectural Record）月刊上发表了14篇系列文章，题目是"为了建筑的理想"。1932年，首次出版了日后影响巨大的《自传》（An Autobiography）和《消失的城市》（The Disappearing City）。在接下来的几年里，《自传》为他吸引来了来自各方的许多学徒以及有重要作品的客户，而《消失的城市》第一次提出了他的"广亩城市"（Broadacre City）理论。

赖特人生的另一件里程碑事件，是1932年创办"塔里埃森学徒会"。富商之子小埃德加·考夫曼1934年加入学徒会，并且向他父亲大力推荐由赖特设计一座度假别墅。赖特和老考夫曼一起考察了宾夕法尼亚州的大片山林，最终的结果是在一处小瀑布上诞生了流水别墅。它令人惊叹的身姿，登上了1938年1月《时代》周刊的封面和多家报纸的头版，沉寂多年的赖特重又站在美国建筑界的聚光灯下。

几乎和流水别墅同期落成的，还有两件位于威斯康星州的重要杰作：约翰逊制蜡公司办公大楼（Johnson Wax Administration Building），和公司总裁赫伯特·约翰逊与四个孩子的住宅："展翅"（Wingspread），它也是赖特毕生"最后的草原住宅"。

奇迹的高潮在于，70岁的赖特在应对这些重要项目之余，似乎还有相当多的"空闲"。他还同时设计了位于他的家乡麦迪逊市的雅各布斯住宅。虽然只有5000美元的施工预算（设计费也只有相应的10%），但是赖特非常珍视这个机会，让第一栋建成的"尤松尼亚住宅"，为他的"广亩城市"的实践迈出第一步。

20世纪30年代末，在赖特的世界里大萧条已经烟消云散。他的个人生活稳定下来，经济状况也显著地好转，建筑灵感源源不断地从绘图板涌向水泥钢筋的施工现场。

施瓦茨住宅，威斯康星州，1939年

考夫曼住宅

流水别墅
宾夕法尼亚州，1936年

冬日的流水别墅外景

"流水别墅是一声祝福，你在山林中能体验到的最动人的祝福。我想象不出，还有什么比得上自然界里和谐共生的规律，树林、溪水、建筑全都安详地结合为一体。你时刻都置身在溪水歌唱的声音中，却仿佛沉浸在一片寂静中。你聆听流水别墅，就像你聆听大自然的天籁之声。"

——赖特对学徒们的谈话（1955年）

为匹兹堡的富商考夫曼夫妇建造的"流水别墅"，或许是现代建筑史上最著名的私家住宅。它以教科书的方式告诉后辈，建筑所处的土地也是建筑重要的一部分。

这座建筑，实际上就是山崖在溪流旁的延伸。层层叠叠的砂岩石块砌成的墙体，把出挑深远的露台"锚固"在溪流的上方。从石墙上向前方探出的混凝土露台，勾画出了鲜明的水平线条，和石墙上三层高的玻璃幕墙产生的竖向线条，形成强烈的对比之势。希尔德布兰德（Grant Hildebrand）一语中的，形容它是"经过计算而恰到好处的危险。"

进入流水别墅的路径，蜿蜒曲折，正是天才手笔的一部分。你必须先走过一座跨越溪水的桥，沿着茂密的植被掩映的一条小路，绕到建筑的背面，然后才会发现像洞口一样的住宅入口。走上几步台阶，豁然开朗，层高略低而横向宽敞的起居室里，面前正对着南面窗外绚丽的自然景色。

整座建筑采用四种主要材料：砂岩、薄石板、混凝土与木材（产自北卡罗来纳州的黑胡桃木，用于固定的家具）。砂岩和薄石板，都取自不远处的采石场。砂岩砌筑的石墙，拔地而起，犹如扎根在那里。经过打蜡的薄石板地面，模拟建筑下面天然岩床的色彩和肌理。

在近乎原始质朴的基调下，只有两种主要的色彩。其一是很浅的土黄色，

左图：一层和二层悬挑的露台，成为现代建筑史上标志性的构图。
右图：悬吊结构的楼梯，伸向露天的水面。
对页：入口门厅的座椅沿着南面外墙的长条窗和窗下的沙发

用于混凝土结构的粉刷表面；另一种是赖特钟爱的切诺基红，用于门窗框和墙上的固定隔架等金属构件。值得一提的是，赖特每过一段时期，就会对金色产生莫名的好感。他曾经向考夫曼建议，把混凝土表面涂成金色，被业主毅然否决了。颜色艳丽的布面矮凳和靠枕，星星点点散布在室内各处。

整座建筑体现了为舒适生活而建的目的。室外露台的面积几乎和室内面积相仿。天气宜人的时候，可以在露台拥抱山林；遇到雨雪飘飞，则可以在壁炉旁静静地观赏。大起居室南面墙上连续的玻璃窗，被深红色的竖向窗框，划分成类似日本古代屏风画的构图。假如当初按照赖特的想法，在天花板的混凝土表面涂成金色，这幅"屏风画"一定会是截然不同的模样。由玻璃直接拼合成的角窗，让窗外的景色毫无遮挡地延展，两端分别伸向小楼梯和壁炉。

巨大的石砌壁炉，完美地衬托着它前面一块原址保留的巨石。这块未经修饰的巨石，不仅帮助塑造了整个起居室空间，并且它有力地证明了人和自然界可以通过建筑融合在一起。它诠释了赖特信奉的原则：建筑的基地，是建筑极其重要的一部分。在起居室另一侧的角部，和巨石遥相呼应，一部令人意想不到的楼梯，把你引向下游潺潺流淌的水面。

考夫曼夫妇期望这个隐居的天地，有非常轻松随意的气氛，他们拒绝了赖特建议的地毯，并且在室内布置了一些自己原有的家具和装饰物。由赖特设计的家具包括了固定的橱柜、长凳、各种桌子和单个的矮凳。在大起居室里，通过墙上的固定隔架和坐凳的不同细节，营造出没有清晰界限的多个空间区域。例如，入口附近的音乐区、小楼梯附近的阅读区，以及壁炉附近的围拢谈话区。赖特提出，用自己中意的圆筒形扶手椅作为餐椅，然而考夫曼夫人，坚持采用她先前在意大利购买的一种三腿椅。壁炉旁硕大的红色球形金属壶，原本设计成装着温热的红葡萄酒，实际操作中却难以实现。尽管如此，它仍以形式取胜，一直虚置在那里，充当一件别致的装饰。壁炉上方红色的金属隔架，以及天花板下面暗藏的灯带，帮助大起居室里限定出相对独立的空间区域。

考夫曼夫妇希望自己和密友们，在这里得到彻底的休闲和放松。虽然整座住宅的空间有丰富的层次变化，但是它的基调仍保持着宁静和舒适的奢华。小考夫曼为一本介绍流水别墅的专著写道："走过这里曲折的走廊、楼梯，你感觉不到拘谨或者局促。同在别墅里的人们，既有热闹的欢聚场所，又有各自私密的角落。我的亲友们都很喜欢来到这里，一边享受着家的温馨，一边欣赏季节带来的惊喜。"

1963年，小考夫曼把流水别墅捐赠给了"西宾夕法尼亚州保护协会"（West Pennsylvania Conservancy）。正是他，在30年前促成了这段影响现代建筑史的奇缘。在捐赠仪式上，小考夫曼满怀深情地讲道："今天，它的美仍像环抱着它的山林溪水一样，永恒而常新。它完美地承担着一个家的角色，同时又远远不止于此。它是一件艺术品，超越了所有通常意义上的艺术评价标准。建筑与它的环境水乳交融，人们渴望亲近自然界，这样的杰作不应当被某个人据为己有，因为它不是某一个建筑师对某一个业主完成的任务，而是人类对所有同类的奉献。流水别墅凝结着人类文明的精华，这决定了它不是私人的财产，而是属于大众的资源。"

1991年，美国建筑师协会（AIA），认定流水别墅为"美国历史上最重要的建筑杰作"。自1964年开放截止到2016年，已经有大约450万人次造访流水别墅。

对页：客厅的壁炉前，赖特保留了一块原址的巨石
上图：就餐区
下图：厨房

上图：客人卧室
下图：考夫曼夫人的化妆台
对页：画廊空间被小考夫曼用作自己的卧室

对页：客人卧室的入口
和小起居室
上图：划分空间的木格
栅隔断墙和低柜、沿墙
固定的隔架，延续赖特
的草原风格
下图：客人卧室

上图：三层的书房
下图：主人夫妇卧室的壁炉
对页：二层的楼梯平台

约翰逊住宅

"展翅" 威斯康星州，1937年

上图：约翰逊住宅——"展翅"的外景
左下图：核心大厅里，通向屋顶的儿童游戏用的螺旋楼梯
右下图：从阅读区通向固定沙发的台阶，旁边是小壁炉
对页：天窗环绕着的大起居室，中央是高耸的壁炉

就在设计"流水别墅"的大致同时期，赖特还为约翰逊制蜡公司的总裁赫伯特·约翰逊（Herbert Johnson，1899-1978）设计了私人住宅。正是这个家族化工企业的继承人，请赖特设计了现代建筑史上影响深远的办公总部大楼。约翰逊住宅拥有一个浪漫而又贴切的名字："展翅"。它就像一只伸展翅膀的大鸟，优雅地暂栖在宽广的自然景观里。

住宅的室内空间，是赖特典型风格的巅峰之作。接近八边形的核心大厅，中央部分像穹顶一样高高隆起。围绕着体量巨大、红砖砌成的壁炉烟囱，有五个大大小小的壁炉（包括夹层中的一个），让冬日里家庭成员们可以随意地围炉而坐，欢声笑语。沿着建筑外墙，除了红砖的支撑结构都是落地的玻璃门，以及核心大厅屋顶上三层环状的高窗，让室内的几乎每个角落都洒满明亮的自然光，都能感受到窗外季节的变化。

核心大厅被隔断矮墙和地坪高差，精心划分为不同区域：入口门厅、起居室、就餐区和阅读区。几个区域之间有流动空间的连续感，同时保持着各自的新鲜感。固定的坐凳、隔断矮墙、夹层的阳台、烟囱表面红砖的水平砌缝、屋顶上的环状高窗，所有这些水平方向的线条，适度地平衡了竖直方向的动感，使体量巨大的开敞空间不会显得冰冷压抑，反而有一种尺度宜人的亲切感。

室内和室外，都大量使用红砖和浅黄色的卡索塔石灰石，让室内外显得浑然一体。米黄色的粉刷和少量白色的橡木饰面，更为室内增添了温暖的气息。室内和室外露台的地面，都采用4英尺（约合1.2米）见方的混凝土板，采用赖特经常使用的深红色（他称之为"切诺基红"）。

四条巨大的"翅膀"，从核心大厅向四个方向伸出，分别是三个卧室区和一个佣人服务区。其中三条"翅膀"（包括儿子们的卧室，它的末端是一间专门的游戏室），位于地面标高。第四条"翅膀"，也就是主人夫妇的卧室（也包括女儿的卧室），位于夹层的标高。位于末端的女儿卧室，阳台悬挑在草地上空。

在此大量使用古香古色的橡木家具和饰面，是赖特对自己早年"草原风格"的一次隆重告别。就在设计"展翅"住宅的过程中，赖特又一次造访水牛城的马丁住宅。"展翅"住宅里的圆筒形扶手椅，很显然是30年前马丁住宅里扶手椅的简化版。此外，为了强化整座建筑的几何一致性，矮凳和桌子都采用六边形，以呼应大起居室多边形的平面形状。

为了证明70岁的时候仍是那个"橡树园的魔术师"，赖特特意在中央大壁炉的墙上设计了一个小巧的螺旋楼梯，通向屋顶，让孩子们爬上爬下。在伸出屋顶的瞭望台上，孩子们可以看到父亲的私人飞机向家里飞来。

拥有将近1400平方米的建筑面积，"展翅"无疑是赖特的数百个私家住宅项目当中规模最大者。目前，它被用作"约翰逊基金会"（Johnson Foundation）的会议厅。核心大厅基本保持着最初建成时候的模样，不愧为所有赖特遗产当中最激动人心的作品之一。

上图：夹层空间里的壁炉
左下图及右下图：透过从高至低三层天窗，明媚的阳光照着核心大厅的壁炉
对页：大起居室的读书区有赖特设计的家具

尤松尼亚住宅

赖特早已习惯于旁观同时代主流的建筑师们。20世纪30年代崛起的"国际风格"(International Style),在他眼中只是浅薄的昙花一现。他反对"国际风格"的简陋贫乏、抛弃装饰。他反对柯布西耶和其他某些欧洲建筑师,打着功能主义的旗号,把住宅简化为"居住的机器"。

赖特坚信,有机的设计、与整体合一的装饰,必然带给人们更多舒适和更多乐趣。他心目中"简洁",绝不是光洁死板、空无一物的白色墙壁。针对具体使用者的"简洁",意味着微妙而丰富的内容。

赖特的思想根基之一,是他相信社会中个体的独立能力。他提出"广亩城市"的理论,针锋相对地回应柯布西耶的"光明城市"理论。"广亩城市"理论的核心,就是拥有一小片土地的独栋私家住宅。每个人和每个家庭,应当有权利选择自己的居住方式。赖特为民主社会提出的建筑理想,是让全社会享有一种现代的生活方式。舒适的物质设施、丰富的精神养分达成均衡。休闲、文化和工作,三者趋近于融为一体。

这种具有强烈美国特征的住宅形式,被赖特称作"尤松尼亚住宅"(Usonian House)。这个名字来源于"USONIA",是"美利坚合众国"(United States of America)的一种不规范的缩写。在赖特草原风格时期确立的建筑原则的基础上,它更进一步地简化,也更接近有机建筑的本质。他提出的"广亩城市"始终是一个乌托邦构想,但是这并不妨碍他在微观的层面聚沙成塔。在他1959年去世之前的20多年里,有数十座尤松尼亚住宅陆续建成。

赖特在《自传》里写道:"造价适中的住宅不仅是美国主要的建筑问题,并且也是最为困扰美国建筑师们的难题。对于目前的我而言,为这个难题找

到让我和尤松尼亚都满意的答案，比设计任何其他建筑的机会都更宝贵。我们的大众不懂得如何生活。他们把自己的陋习想象成"品味"，把偏见视为喜好，把无知视为美德——从任何一种美好生活的视角衡量，这样评价都恰如其分。说得具体一点，如果不去模仿大道旁的某座豪宅，窄巷里的一座小房子自会有它的魅力；正如尤松尼亚的村庄如果不去模仿都市，自会有它的风韵。"

赖特毕生的事业成功，很大一部分归因于，他能够说服许多头脑开明的业主。这些业主或者是有远见卓识、事业成功的男士，或者是接受过良好教育的女士，她们既要求生活舒适，也希望紧跟时代的脚步。虽然赖特的某些业主，是不计造价投入的富商，但是也有相当一部分重要作品的业主，是预算紧张、最普通的中产阶级。后者恰恰是赖特更重视、激发他更多灵感的好机会，让他在更深层次实现有机建筑的理想。为了适应这类预算紧张的项目，他的建筑和家具设计都变得更加简洁、造价更低廉。当然，这绝不意味着牺牲形式的美感、偏离优雅的气质。

尤松尼亚住宅，不是一种外观形式的风格，而是一种建造施工体系。它尽量使用种类很少的预制化模块，在工地现场进行灵活的组合。20世纪30年代经济大萧条的后果，是美国中产阶级普遍面对的经济困窘，而这正是赖特构建尤松尼亚住宅的现实依据。另一方面，随着时代观念和技术的进步，美国人的生活方式也在随之变化。赖特希望建筑也实现相应的变化。

在持续变化着的中产阶级住宅市场上，尤松尼亚住宅必须找到它的准确定位，而不只是绘图板上的美好理想。针对每一位业主的特殊要求、每一块用地的特征，赖特都会进行相应的修改。他知道自己年事已高，他的理想是留下足够的范例，为后辈的同行开辟一条道路。

左上图：尼尔斯住宅，明尼苏达州，1949年
左下图：莱克斯住宅，亚利桑那州，1959年
右下图：奥布勒住宅，加利福尼亚州，1940年
左图：汉纳住宅，加利福尼亚州，1937年
右图：格兰特住宅，艾奥瓦州，1946年

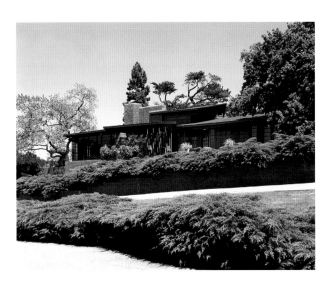

雅各布斯住宅①

威斯康星州，1937年

第一座建成的尤松尼亚住宅，业主是年轻的报社记者赫伯特·雅各布斯和妻子凯瑟琳。赖特极大地简化了空间的内容和施工的过程，空间宽敞实用，同时不失私密与温馨。在业主紧张的预算限额内，满足了他们的生活需求和随性的生活方式。

赖特在《自传》里，颇费笔墨地讲述了雅各布斯住宅的设计过程：

"怎样才能真正合理地为我们这个时代、这片土地创造朴实的住宅呢？为了让雅各布斯一家享受这个时代的先进之处，必须采取种种简化，而雅各布斯夫妇也必须以简单的视角来理解生活。不仅有必要剔除所有复杂冗余的施工内容，还需要充分利用工厂的预制加工，尽可能地减少使成本激增的现场人工，合并和简化供暖、照明和上下水这三种附属系统。

为了让居住其中的人自由地享受宽敞的空间和视野，至少要实现以上这些精简。理想的结果，是建筑的室内与室外能够一次施工完成。当外观完工的时候，室内也随之完成。窗子是实现具有新个性的空间最有力的形式。所有的窗子都是在工厂里加工完成，像墙板一样在现场安装。门和窗子不再有区别。作为建筑方案的要素之一，窗子的布局与整个设计的关系，正如眼睛与人脸的关系那样。"

和赖特的绝大多数作品一样，雅各布斯住宅具有强烈的水平线条。三间卧室都比较小。主人随性的生活方式，省却了传统的独立餐厅。取而代之的是一片紧凑的就餐角落，餐桌对面就是被赖特称作"工作区"的厨房。起居室的高度刻意地提高，朝着东面的花园是整层通高的一排玻璃门。

"L"形的平面布局，最适合在相对狭小的城市街边用地建造住宅。"L"形建筑的两翼分别贴近用地的两边，剩下的空地自然形成了私密的后花园，仿佛是起居室延伸到了室外。临街一侧的墙面刻意地封闭，只有天花板下的一排高窗。起居室和卧室，都采用通透的落地玻璃门。整个建筑采用统一的模数体系，所有墙体、门窗的尺寸和定位都受统一模数的控制，施工异常便捷，既产生比例协调的美感，同时有效地降低造价。其他的施工方式创新，包括地板下埋设热水管的地板采暖、由胶合木板和建筑用纸组合成的"夹心饼干"式墙体。

赖特在建筑杂志上介绍雅各布斯住宅时写道：

"在造价允许的前提下，我们需要尽可能宽大的起居室、尽可能多地看到室外庭院。起居室里需要一个壁炉，地板上铺着典雅的地毯，墙上固定着敞开式的书架。起居室的一角延伸出就餐区。方便使用的厨房紧邻就餐区，或者让二者离开外墙而靠近起居室，成为它的一部分。让厨房远离外墙而贴近日常起居的空间以便于操作，同时把外墙尽可能地留给更重要的房间，这是设计厨房的一种新理念。厨房位于烟囱的正下方，室内形成的气流自然地向厨房以及烟囱集中，因此烹调的气味不会流散到室内各处。从厨房下几步台阶，有一个地下小储藏室，用来存放加热器和燃料，兼作洗衣房。浴室通常与厨房一墙之隔，二者的热水管道能够最经济地结合使用。出于私密的考虑，唯一的卫生间和两间卧室都不紧邻。"

尽管总面积只有100多平方米，内容也很简单，然而空间仍有戏剧性的变化。赖特沿用了他先抑后扬的一贯手法，入口设在停车的屋顶罩棚下隐蔽的位置。一进门，是相对低矮的小过厅，视线沿着起居室的对角线方向，可以望见室外的庭院。与建筑整体合一的装饰也绝不会缺席。墙面上的材料，显露各自的质感和纹理，形成从木材到红砖、再到玻璃的优雅渐变，每种材料的结构形成水平或者竖直的精致图案。

雅各布斯当时的收入，不足以让家里购置赖特设计的家具。但是全新的住宅形式，应当有新样式的家具而不是市场上的普通家具。经过赖特的认可，雅各布斯的一位表兄制作了起居室和就餐区的桌子、靠背椅、方形的小咖啡桌和矮凳。

雅各布斯住宅展示了一种轻松随意的空间气质，有力地证明了赖特的信念：每个人都有能力拥有美好的生活环境。他在《自传》里写道："一座朴素的尤松尼亚住宅，一个家的空间。它像是地平线的伙伴，舒展地与大地平行，不会令你产生丝毫'气派'的感觉。尤松尼亚住宅是一股对大地的热爱，一种对空间和光线的新认识，一种自由的新精神——我们的美利坚合众国值得拥有的自由。"

①几年后，赖特又为雅各布斯夫妇设计了第二座住宅。本书着重介绍第一座。

对页：雅各布斯住宅沿街外景
上图：从就餐区、厨房操作区看起居室

上图：就餐的角落空间
下图：起居室
对页：起居室

尤松尼亚住宅的手法变奏

1938年1月，雅各布斯住宅发表在《建筑论坛》(Architectural Forum)杂志的赖特作品专刊上。这种造价适中的独栋住宅形式，迅速引起了美国中产阶层的兴趣。截止20世纪40年代末，即雅各布斯住宅建成约10年后，又有15座赖特设计的"尤松尼亚住宅"落成。

位于亚拉巴马州的"罗森鲍姆住宅"，是它们当中的佼佼者。它基本延续了雅各布斯住宅的设计原则，相对宽裕的成本投入，使它得以实现更多的空间变化和细节处理，包括赖特设计的家具。如同草原住宅时期一样，赖特为尤松尼亚住宅设计了一系列基本的家具原型，在不同的具体项目里衍生变化。罗森鲍姆住宅的餐椅，略加改动，又出现在稍后建成的阿弗莱克住宅和温克勒住宅里。

尤松尼亚住宅的另一个典型案例是"施瓦茨住宅"。1938年，《生活》(Life)杂志邀请了几位著名建筑师，基于五千美元的造价限制，提出自己的"梦想住宅"方案。赖特为明尼苏达州的一户人家，设计了这个局部两层的方案。最终，这户人家选择了较为传统的建筑方案。这时，施瓦茨夫妇主动找到赖特，希望把《生活》杂志上刊登的住宅方案稍加修改，以适应他们在威斯康星州的用地。修改后的方案，采用砖墙和红色的柏木板为主要材料，提高了建筑屋顶的高度，让室内足够容纳一个俯瞰起居室的夹层平台。就像文字游戏一样，赖特把起居室命名为"娱乐区"(Recreation)，而紧邻的小空间被称作"休息厅"(Lounge)。最重要的开敞空间，无疑是这个"娱乐区"，配以很大的壁炉（这是赖特的签名式手法）和通向两侧庭院的落地玻璃门。"休息厅"有固定在墙面上的长凳和饰物隔板，以及自己的小壁炉，营造出一个格外温馨慵懒的小天地。

尤松尼亚住宅的特征之一，是起居室的天花板下采用长条状的横向高窗，使自然光能照进房间的深处。施瓦茨住宅的高窗，首次采用了独特的镂空木板，既起到遮光作用，同时在室内的墙和地板上投下有趣的阴影图案。此后，图案各自不同、手法相近的高窗配以镂空木板，多次出现在其他尤松尼亚住宅。

从20世纪30年代末到他去世前的20年里，赖特看到了数十座他创造的尤松尼亚住宅落成，东起新罕布什尔州、西至加利福尼亚州。针对平坦的用地，有雅各布斯住宅和罗森鲍姆住宅的变体，例如波普-雷赫依住宅、齐默尔曼住宅；针对较为陡峭的坡地或者潮湿土层，建筑往往从坡地上向外悬挑，例如皮尤住宅、斯图格斯住宅。还有一些住宅，以鲜明的平面几何母题著称。汉纳住宅采用正六边形母题，为赫伯特·雅各布斯一家设计的第二座住宅、迈耶住宅、劳伦特住宅、弗里德曼住宅，平面都采用圆环形或者圆形的组合。所有这些住宅，都针对用地周围的环境和不同家庭的需求，自然而然地有所变化。每一个都是独一无二的，尤其是对于生活在其中的主人而言。但是，它们都遵循着尤松尼亚风格的基本原则。

尤松尼亚住宅的首要特点，是"简洁"——即便每一件作品都拥有许多微妙的细节。经济状况宽裕的业主，在和赖特合作的过程中，也会被他逐渐诱导，乐于接受一种更简洁的生活方式。某些时候，这种适应过程经历颇多周折。住宅的主人需要克服一些对新鲜事物的抵触，才能适应尤松尼亚的生活方式。毕竟，绝大多数情况下，赖特的住宅都是最终的"胜利者"。

波普-雷赫依住宅的女主人写道："精心推敲得来的简洁的形式，让我的生活获得了惊人的自由和前所未有的简洁。房间和物品的简洁，渐渐地感染了我的做事、穿着和装饰的习惯，甚至与人交往的方式。我的想象力、思考和创造的能力，从许多琐碎的事务中解放出来。在这种简洁的空间里，生活将更贴近人之所以成其为人的本质。"

施瓦茨住宅不同角度展现的流动空间

尤松尼亚住宅的起居室

尤松尼亚住宅的起居室，是整个建筑最主要的开放空间。起居室的一个角落，通常设计为布局紧凑的就餐区，同时紧邻着开敞式的厨房操作区。起居室里有大片连续的落地窗，高度直达天花板下，它们同时也是通向室外花园的门。

对页：威尔茨海默住宅，俄亥俄州，1947年

右上图：阿德尔曼住宅，威斯康星州，1948年

右下图：布兰德斯住宅，华盛顿州，1952年

左上及右上图：阿弗莱克住宅，密歇根州，1940年
左图：克里斯蒂住宅，新泽西州，1940年
对页：雷思利住宅，纽约州，1951年

巴泽特住宅，加利福尼亚州，1939年
上图：黑根住宅，宾夕法尼亚州，1954年
下图：休斯住宅，密西西比州，1949年

上图：劳伦住宅，伊利诺依州，1949年

下图：沃顿住宅，加利福尼亚州，1957年

对页：波普-雷赫依住宅，弗吉尼亚州，1939年

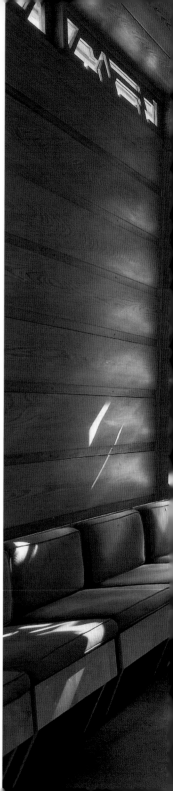

对页：斯特奇斯住宅，加利福尼亚州，1939年
上图：凯耶斯住宅，明尼苏达州，1950年
下图：鲁宾住宅，俄亥俄州，1952年

左图：巴赫曼-
威尔逊住宅，
新 泽 西 州，
1954年（现已
整体搬迁至阿
肯色州小石城
的 水 晶 桥 博
物馆）
对页：阿伯林
住宅，加利福
尼亚州，1958年

尤松尼亚住宅的餐厅

赖特始终认为，就餐是家庭生活的一项重要仪式。对于就餐空间的强调，贯穿了他漫长的职业生涯。尤松尼亚住宅的设计手法之一，是从不设置封闭的餐厅，而是让特定的就餐区域，自然而优雅地融入宽大敞亮的起居室，或者紧邻其旁。

对页：汉纳住宅，加利福尼亚州，1937年
右上图：阿德尔曼住宅，明尼苏达州，1950年
右下图：凯尔住宅，伊利诺依州，1950年

上图：特里尔住宅，艾奥瓦州，1956年
下图：舒尔茨住宅，密歇根州，1957年
对页：鲁宾住宅，俄亥俄州，1952年

对页：奥费尔特住宅，明尼苏达州，1958年
上图：金尼住宅，德克萨斯州，1957年
下图：拉夫尼斯住宅，明尼苏达州，1955年

上图：沙文住宅，田纳西州，1950年
下图：阿诺德住宅，威斯康星州，1954年
对页：齐默尔曼住宅，新罕布什尔州，1950年

上图：刘易斯住宅，伊利诺依州，1940年
对页：布莱尔住宅，怀俄明州，1952年

对页：克里斯蒂安住宅，印第安纳州，1954年
上图：戴维斯住宅，印第安纳州，1950年
下图：克里斯蒂安住宅，印第安纳州，1954年

上图：皮尤住宅，威斯康星州，1938年
下图：巴赫曼-威尔逊住宅，新泽西州，1954年
对页：史蒂文斯住宅，南卡罗来纳州，1939年

尤松尼亚住宅的细部

尤松尼亚住宅里，独特而简洁的家具和灯具的设计，往往呼应住宅建筑平面采用的几何母题。其他重要的细节，包括刻有透空图案的木质遮光板、彩色几何图案的装饰板，通常由赖特的助手梅斯林克设计。尤金·梅斯林克（Eugene Masselink，1910-1962），长期担任赖特的秘书以及装饰图案的设计助手。赖特去世后，他仍参与赖特基金会的管理，直至因病去世。

对页：史蒂文斯住宅，南卡罗来纳州，1939年
右图：霍夫曼住宅，纽约州，1955年。走廊里的木板镂空装饰

对页：波普-雷赫侬住宅，弗吉尼亚州，1939年。书桌旁透空图案的木质遮光板
上图：小普莱斯住宅，俄克拉荷马州，1953年。装饰丰富的木质推拉折叠门
下图：拉夫尼斯住宅，明尼苏达州，1955年。木质推拉折叠门

左图：史蒂文斯住宅，南卡罗来纳州，1939年。室外屋檐下的青铜滴水

右图：山迪住宅，艾奥瓦州，1955年。特制的吊灯

对页：拉夫尼斯住宅，明尼苏达州，1955年。木片制作的，类似抽象雕塑的灯具

尤松尼亚住宅的厨房

赖特喜欢把尤松尼亚住宅的厨房称作"工作空间"（Work-space），通常会让它的位置，靠近家庭活动的核心。家庭主妇即便在厨房里忙碌，仍然可以看到孩子们在起居室里的活动。某些住宅的厨房被较为封闭的内墙所围合，以便让外墙的处理更自由开放，而厨房自身有高窗或者天窗提供自然采光与通风。

对页：山德住宅，康涅狄格州，1952年
上图：卡尔森住宅，亚利桑那州，1950年
下图：紧凑的厨房里，带遮阳片的连续高窗产生明亮的自然光

上图：帕尔默住宅，密歇根州，1950年
下图：斯戴利住宅，俄亥俄州，1950年
对页：奥斯汀住宅，南卡罗来纳州，1951年

对页：格奇－温克勒住宅，密歇根州，1939年
上图：劳伦住宅，伊利诺依州，1949年
下图：威利住宅，明尼苏达州，1934年

上图：拉夫尼斯住宅，明尼苏达州，1955年
下图：金尼住宅，威斯康星州，1951年
对页：曼森住宅，威斯康星州，1938年

尤松尼亚住宅的走廊

大多数建成的尤松尼亚住宅，面积都在200平方米以下。为了更有效地利用空间，走廊的角色不仅仅是联系各个房间，而是充当开放式的储藏空间。沿着走廊设置的壁橱、抽屉或者书架，是建筑一体化设计、施工的结果。

对页：史密斯住宅，密歇根州，1946年
右图：莫斯博格住宅，印第安纳州，1946年

对页：罗森鲍姆住宅，佛罗伦萨，亚拉巴马州，1939年
上图：霍夫曼住宅，纽约州，1955年
下图：莱维林·赖特住宅，马里兰州，1956年
［莱维林·赖特（Robert Llewellyn Wright，1903-1986），是赖特的
第四个儿子。——译者注］

上图：格劳尔住宅，伊利诺依州，1951年
下图：小普莱斯住宅，俄克拉荷马州，1953年
对页：雷沃德住宅，康涅狄格州，1955年

尤松尼亚住宅的卧室

赖特认为家庭生活的核心，是家庭成员们在开放空间里共度的时光，而卧室的角色集中于睡觉和少量时间的休息。相对于某些其他设计风格的现代住宅，尤松尼亚住宅的卧室尺寸都较小。尽管如此，卧室里仍有充足的开窗，提供自然采光和通风，以及优美的室外景观。

对页：道布金斯住宅，俄亥俄州，1953年
右图：沃尔特住宅，艾奥瓦州，1950年

上图：奥斯汀住宅，南卡罗来纳州，1951年
下图：皮尤住宅，威斯康星州，1938年
对页：阿伯林住宅，加利福尼亚州，1958年

对页：潘菲尔德住宅，俄亥俄州，1952年
右图：卡尔森住宅，凤凰城，亚利桑那州，1950年

上图：道布金斯住宅，俄亥俄州，1953年
下图：莱维林·赖特住宅，马里兰州，1956年
对页：波普-雷赫侬住宅，弗吉尼亚州，1939年

对页：沃尔特住宅，艾奥瓦州，1945年
上图：威尔茨海默住宅，俄亥俄州，1947年
下图：罗森鲍姆住宅，亚拉巴马州，1939年

左图：布莱尔住宅，怀俄明州，1952年
对页：史蒂文斯住宅，南卡罗来纳州，1939年

辉煌的终曲：1945-1959年

第二次世界大战在欧洲爆发之后不久，1941年末美国也卷入了战争。美国国内的民用建筑市场，基本限于停滞，直到1945年战争结束。战后重新燃起的乐观情绪，刺激着和平年代的日常生活和经济发展的需求。这时盛行的乐观主义，给赖特带来了适宜尤松尼亚住宅的业主。然而建筑材料和人工成本也随之上涨，超出了某些业主的经济承受能力。因此，在20世纪40年代末赖特开始探索新的、较为廉价的建造方式。他想到了自己20年代在洛杉矶使用的混凝土砌块。在它的基础上，赖特发展出一种新的建筑语言。

装配式的尤松尼亚住宅

赖特把这种新的砌块建造方式，称作"尤松尼亚自动装配式"（Usonian Automatic）。它的核心在于，业主本人可以在现场亲手建起自己的新居。业主需要的主要工具，是在施工现场制作混凝土砌块所需的模具。特殊设计的木模具或金属模具，可以迅速地批量制作混凝土砌块。每一个长方体砌块的室外一侧有凹凸的图案肌理，室内一侧是盆状的内凹形。沿着砌块的四边，都是半圆形的凹槽。当砌块拼合在一起的时候，水平和竖向的凹槽里都埋设钢筋，"编织"成一个双向的钢筋网，而后在凹槽内浇注水泥，使一个个砌块形成坚固的整体。屋顶同样由类似的现浇混凝土砌块建造。上下水管道、供暖管道和电线，都尽量采用预制化的产品，以减少雇佣熟练工人的施工成本。

然而，以上所描述的建造过程，仍需要大量的体力劳动投入。由业主亲自动手而无须工人，只能是一个理想的目标而已。绝大多数"尤松尼亚自动装配式"住宅的主人，雇了工人制作混凝土砌块、装配搭建整个住宅。唯一的例外，是位于西雅图附近的崔西住宅。主人夫妇投入了大量的体力和时间，亲手制作了所需的上千个混凝土砌块。

建成的"尤松尼亚自动装配式"住宅，还包括唐肯斯住宅、卡利尔住宅、帕普斯住宅和特凯尔住宅等。与它们的前辈——洛杉矶的砌块住宅一样，有力地证明了像混凝土这样貌似平淡乏味的材料，也可以成为展示想象力的舞台。

随着美国的经济恢复势头渐强，尤松尼亚住宅的范畴，逐渐超出了赖特20世纪30年代最初的构想，设计手法也更加多样。赖特晚年的住宅代表作，首推帕尔默住宅和他的儿子戴维·赖特的住宅。此外，值得一提的是，在纽约州、密歇根州都曾有业主的团体，邀请赖特设计成片的尤松尼亚住宅，形成理想性的试验社区。尽管成片的社区最终并未实现，但是赖特借此机会留下了阿弗莱克住宅等一些重要作品。

卡利尔住宅的起居室

阿德尔曼住宅

凤凰城，亚利桑那州，
1951年

承重外墙与屋顶都是由混凝土砌块构成，窗子直接嵌在中空的混凝土砌块内，这些都是"尤松尼亚自动装配式"的标志性手法。

汤肯斯住宅

安伯利村，俄亥俄州，
1954年

这座住宅的家具，全部采用了赖特同一时期
（1955年）为家具公司"亨瑞顿"（Heritage
Henredon）设计的品牌系列。

汤肯斯住宅
与建筑主体一起施工的书架、木格栅与壁橱。

帕普斯住宅

圣路易斯，密苏里州，
1955年

起居室、就餐区与开敞式的厨房，三者天衣
无缝地融合在同一空间里。

崔西住宅

诺曼底公园，华盛顿州，
1954年

男主人威廉和女主人伊丽莎白，共同亲手制
作了所有的建造原料——大约1700块，分为
11种形状的混凝土砌块！这座只有100平方米
出头的小房子，成为"尤松尼亚自动装配式"
的经典。

卡利尔住宅

曼彻斯特，新罕布什尔州，
1955年

上图：卧室的走廊里，一侧墙面排满了固定
式书架
右图及对页：起居室、就餐区和阅读工作
区，并置于同一片开敞的流动空间里

对页：开敞式的厨房直接通向室外花园
左图及右图：起居室里的壁炉、卧室里的固定式化妆台和书架，都是尤松尼亚住宅的标准配置

特凯尔住宅

底特律，密歇根州，
1950年

上图：走廊充当了储物与休息的多重角色
对页：从地面到天花板通高的混凝土墙，产
生不断变化的光影效果

帕尔默住宅

安娜堡，密歇根州，
1950年

在赖特20世纪四五十年代的住宅作品当中，帕尔默住宅是最令人叹服的杰作之一。虽然经常被归入"尤松尼亚住宅"，但是它独特的优雅气质和某些细节处理，并不属于典型的尤松尼亚风格。

帕尔默住宅坐落在一片树丛掩映的坡地上，大气庄重而又不失安详。从旁边的道路经过，你很可能根本注意不到它的存在。建筑的入口台阶，夹在建筑主体的红砖墙面与一片景观矮墙之间。矮墙另一侧就是草木茂盛的坡地。进入宽而矮的小门厅，向左转，面前陡然呈现了别有洞天的起居室。柏木板条的天花板，在起居室中央像三棱锥一样耸起。缓坡屋顶下出挑深远的屋檐，遮蔽着建筑周边的外墙。厨房隐蔽在入口左侧，利用有镂空图案的砖墙与起居室隔开。室内红色混凝土地面的分格，延续了正三角形的几何母题。

整个建筑的空间核心——起居室里，有三个视觉焦点：壁炉、三角钢琴和餐桌椅。这种组合是从赖特早期作品就确立的一贯原则。壁炉旁与建筑固定为一体的座椅，形成一块相对私密、同时能够饱览室外景色的角落。音乐是主人夫妇生活的核心（女主人即毕业于密歇根大学音乐学院）。起居室的声学效果极佳。到访的音乐家们，时常在这里举办小型的独奏或独唱音乐会。女主人在餐椅的靠背上铺着日本的织锦，遵循赖特的设计原则，强化了就餐的仪式感，在大的起居室空间里，不露痕迹地划分出气质独特的小空间。

帕尔默夫妇原本打算，在新居里继续使用以前的家具，其中一些是他们收藏的古董家具。然而，他们很快就意识到，这些家具和赖特设计的空间难以协调，于是明智地放弃了这个想法，改用建筑师设计的定制家具，包括壁炉旁的长椅、书桌、书架和壁橱，以及赖特为他自己的家西塔里埃森设计的扶手椅——被公认为赖特设计的椅子当中最富形式感，同时也最舒适的。日后，帕尔默夫妇自行在室内添置了一些小的饰物，如书籍、瓷器、日本传统的立轴画，所有这些显然都会符合赖特的心意。

在赖特漫长的职业生涯里，不乏建筑师与业主完美合作、成为好友的佳话，帕尔默住宅就是其中之一。密歇根大学的经济学教授威廉·帕尔默和妻子玛丽，一直悉心维护着带给他们温暖乐趣的家。直到两人先后去世，帕尔默住宅才在2009年迎来了新主人。目前，新的主人已经把它作为可以预约的"民宿"，为公众提供了一个非常宝贵的机会，近距离同时全景式地领略建筑大师的魅力。

对页：起居室与入口

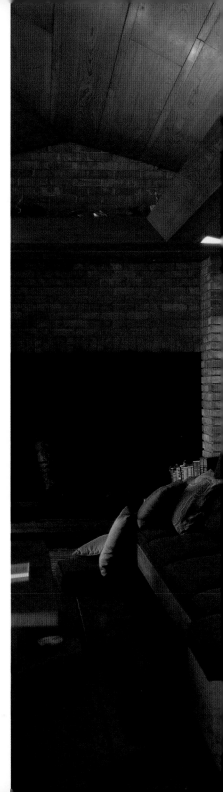

对页：起居室里的就餐区
上图：厨房的外墙有一行镂空的异型砖，自然光透过这些形状别致的小窗和屋顶的天窗，照进厨房

左图：起居室外面，屋檐下舒适的灰空间
右上图：卫生间
右下图：卧室
对页：从起居室看室外的灰空间

戴维·赖特住宅

凤凰城，亚利桑那州，
1950年

上图：架空的起居室
下图与对页：圆环状的红木天花板与赖特设计的家具

1925年，赖特为芝加哥的富商斯特朗设计了一座造型独特的建筑："戈登·斯特朗汽车度假园"（Gordon Strong Automobile Objective），它是集天象馆、餐厅与瞭望台于一体的休闲建筑。这个呈圆台状的建筑，被一条连续的螺旋形坡道包裹着，游客们可以驾车沿坡道直达建筑的顶部。这个大胆的方案最终没有实施，但是连续的螺旋坡道，却在20世纪40年代多次出现在赖特的绘图板上，例如位于旧金山市的莫里斯礼品商品（Morris Gift Shop，1948年），和他最重要的杰作之一，纽约古根海姆博物馆（Guggenheim Museum，1959年）。

这一母题在住宅作品里的代表，是戴维·赖特住宅，业主正是他的第三个儿子戴维·赖特（David Wright，1895–1997）。

尺寸特意定制的混凝土砌块，是整座建筑的承重结构。建筑的室内外表面，都直接显露混凝土砌块，没有任何附加的饰面。半圆环形状的建筑主体，架空在沙漠的地面上方，通过一条螺旋形坡道与地面联系。建筑主体和坡道，共同围合成圆形的露天内院，院子里有一片橄榄形的小水池。

当你沿着坡道，一边缓步向上，一边欣赏四周广袤的沙漠与群山，自然而然地走进略显局促的入口小门厅。一转身，大起居室豁然开朗——这种先抑后扬的入口空间变化，是赖特签名式的设计手法。菲律宾红木的天花板，形成颇有气势的同心圆环图案。厨房和三个卧室按顺序排列，就像豆荚里的一串豆子。推开落地窗，走上沿着圆弧形外墙的长条形阳台，可以饱览壮丽的自然景观，周围的空地曾经计划种一大片柑橘林。

就餐区特意沿着圆弧形的墙面，设置了弧形的长椅，与之配套的是圆形的餐桌和尤松尼亚风格的单个餐椅。其他陈设包括赖特设计的圆筒形木椅、六边形的小茶几、另一处固定长椅和一架三角钢琴。色彩艳丽、延续圆形母题的图案的地毯，铺满起居室的地面。而壁炉仍依照赖特的惯例，成为起居室里的视觉焦点。

在"国际式方盒子"泛滥的20世纪中叶，赖特送给他的儿子一件令人惊叹的礼物。它再一次向世人证明，充满创造力的灵感完全可以在规律和原则的轨道上自由驰骋。2012年，这座住宅险些被粗暴的地产开发商拆除。幸亏几位有识之士组成的团体竭力运作，才促成一位热心人买下了它，挽救了赖特作品库中的一件珍宝。

对页：从起居室看壁炉与入口走廊
上图：圆形母题在厨房延续

"尤松尼亚风格的精华"
展览

纽约市，1953年
（展览结束后拆除）

上图：开敞的起居室里，划分出就餐区
下图：摆放有序的餐具和餐桌旁墙上的饰物展示架
对页：从天花板到地面通高的落地门窗，让起居室与室外庭院合为一体

20世纪50年代，赖特步入他生命的最后一个十年，伴随着一次空前全面的作品回顾展，名为"60年有生命力的建筑"（Sixty Years of Living Architecture）。这次展览先在意大利等欧洲国家巡回之后，1953年10月移师纽约，在第五大道旁大约1000平方米的临时展厅开幕。这块用地将在几年后，建起划时代的"古根海姆博物馆"。

展厅里的内容包括模型、巨幅照片、装饰性的陈设品，以及数百张最初的设计图纸，涵盖了赖特截至那时的整个建筑师生涯，而无可争议的、最重要的展品，却是展厅隔壁一座为这次展览专门搭建的尤松尼亚住宅。它不是模型，而是包括所有细节的真实住宅。

即便是从赖特本人孤傲并且挑剔的眼光来看，这座展览住宅也不失为一件杰作。建筑材料和配件的生产厂商们，抓住难得的广告机会，积极地提供产品。尽管如昙花一现，但是最终的成果，高质量的建筑材料、配件、艺术品和饰物都非常精美，已经很接近赖特心目中20世纪50年代可以实现的理想住宅。

贴红色面砖的混凝土墙、平板玻璃、橡木胶合板等主要建筑材料，都来自著名的生产厂商。墙面上的固定隔板、坐凳和橱柜，都由纹理精美的胶合板制成。交错旋转方向的胶合板，在天花板上模拟木地板常见的拼花图案。材料组合的各种可能性，始终是赖特的兴趣所在。贴面砖的混凝土墙和胶合板的组合，为他早年草原风格住宅式的温馨，增添了20世纪中叶的现代气息。

按照尤松尼亚住宅的常用手法，沿着街道的墙面只有一排高窗，从地面到高窗的下缘都是实墙，既满足自然采光，同时有很好的私密性。与之相反，在屋后庭院一侧是连续的落地玻璃窗，同时也都是可以打开的门，让室内外的界限几乎消失。高窗下缘是一片挑出的隔板，既可以摆放装饰品，还可以把室外照进来的自然光反射到天花板上，增加室内的照度。隔板下面多层的长条形书架固定在墙面上，最下面是固定的长条沙

发。椅子、矮凳围拢在壁炉旁，跳动的火焰，浪漫气息。还有一项习惯做法，从赖特的草原风格时期延续至今，那就是精心选择靠背椅。这一次采用他为家具厂商"亨瑞顿"（Heritage Henredon）设计的椅子，它将于1955年推向市场，也是他唯一商业化的家具系列。

赖特设计的餐桌和餐椅，一如既往地让起居室里的这片小空间，产生了引人深思的仪式感。餐椅高直的靠背，带给坐着的人无形的、微妙的空间归属感。餐桌旁边的墙上固定的多层隔板，可以摆设鲜花、精美的餐具，或者随节日或客人身份而变化的特殊装饰物。

赖特设计的其他家具，包括咖啡桌、矮凳。家具的布艺饰面和靠枕的面料，都是手工纺织、有金属质感的织物，采用利贝斯女士①设计的图案。小桌子和矮凳可以随意地安排新的功能。例如，在即将到来的电视时代充当电视桌。通用电气公司（General Electric）特意提供了一台电视机。摆放的艺术品，始终是赖特空间杰作的收尾笔触。在这里，赖特从自己的私人收藏和他女儿弗兰茜的工艺品商店里挑选了几件精品，包括一幅日本屏风、一座中国石雕和一个古代玛雅的石雕头像，在整个空间简洁的背景上，增添了来自异域的装饰趣味。

厨房虽然面积很小，但是建筑师竭尽全力，让这里变得宽敞明亮并且利于便捷的操作。头顶的天窗，投下柔和的自然光。通用电气公司提供了冰箱、洗碗机和垃圾粉碎机等电器。操作台、水槽和冰箱围成的"厨房三角形"，还有方便取用的悬挂式锅架，让家庭主妇在这片小天地里，享受富于现代气息的幸福时光。

对于以照片和图纸为主的展览，这座展品住宅是极为重要的补充，它让参观者在三维空间里，真实地体验赖特的魔术手法。如果隔壁展厅里的内容，仍未充分展示赖特的建筑哲学，那么当你走进这座住宅，就会感受到过去的60年里赖特信奉的一系列原则：光线明亮的开敞空间、宜人的尺度感、提供庇护的同时贴近室外的自然环境、舒适与简洁共存。

展览结束时，这座住宅因被拆解而消失，只留下一些珍贵的照片。

①多萝西·利贝斯（Dorothy Liebes，1897–1972），美国著名的织物图案设计师。

"三段式"的墙面设计：通长的高窗、书架及饰物展示架、固定在墙面上的长条凳。

精心布置的厨房，宽敞明亮并且利于便捷的操作。

建筑师的家——塔里埃森与西塔里埃森

　　1940年在纽约现代艺术博物馆（MOMA），举办了赖特的个人作品展，菲斯科·金博尔[1]为此特意撰写了题为《工匠与诗人》的文章。文中探讨了他对天才的理解，以及赖特的天才如何体现。金博尔写道："我不禁想到赫尔德[2]对于天才的定义。他的感知、他的情绪、他的想象力和理智，所有这些共同赋予他从自然界、从人性中汲取养分的能力，使他拥有独特的、与自然界气息相通的创造力。这位富有诗意的天才，非常清楚自己的处境，绝不放弃自己的尊严。他单枪匹马地建立了自己的存在，并且开启一个人类精神世界的新篇章。赖特把自己的作品和人生铸成一个整体，……因为作品和人生是不可分割的。"

　　遍览赖特的数百件建成作品，他自己的两处庄园——塔里埃森与西塔里埃森，最贴切地符合金博尔的描述。人到中年的赖特，舍弃了芝加哥郊区橡树园生活了19年的家和工作室，也舍弃了他在设计中得心应手的城市郊区环境，毅然给自己第一阶段的职业生涯画上了句号。虽然接下来的十几年里，某些时候他辗转于东京、洛杉矶和纽约之间，但是他再也没有在大城市或者城市郊区安置长久的家。

　　当他和情人从欧洲回到美国，回到威斯康星州，并不仅仅是为了躲避恶毒的舆论。在这片他的外祖父留下的农场上，回到他少年时代熟悉的山林土地，是为了永久地投身在一位老朋友的怀抱里，从那里汲取源源不断的设计灵感。同样地，在亚利桑那州的西塔里埃森，他的灵感很大程度上，来源于千百年来被印第安原住民奉为神灵的沙漠。

　　赖特曾这样描述自己的建筑设计原则："一座建筑应当从土地上轻松自如地生长出来，与周围伙伴们保持和谐，仿佛它也是造物主的作品"。两个塔里埃森无疑做到了这一点，并且最大限度地接近赖特毕生追求的目标："独特的、与自然界气息相通的创造力"。

　　①菲斯科·金博尔（Fiske Kimball，1888-1955），美国建筑师与建筑史学家，致力于美国历史建筑遗产的保护。
　　②约翰·戈特弗里德·赫尔德（Johann Gottfried Herder，1744-1803），德国哲学家和诗人。

威斯康星星河畔，山坡上的塔里埃森沐浴在霞光里。

塔里埃森

威斯康星州，1911-1959年

塔里埃森是一座"自然的住宅"，自然光和景色透过长长的联排的窗子，进入它的每一个房间。春天里，各种芳草与鲜花的香气伴随着鸟鸣，在各个房间里飘荡。冬日里，晶莹的冰凌从屋檐上一根根垂下。壁炉里，木柴的火光在沧桑的石壁上跳动。

值得说明的是，1911年建成的塔里埃森，在1914年由于一个仆人纵火，烧毁了很大一部分。其后重建部分被赖特称为"塔里埃森Ⅱ"。1925年又一次因事故失火，再次重建的则被称为"塔里埃森Ⅲ"。

从最初建造的塔里埃森起，就有质感粗粝的石块垒砌成的景观矮墙，在山坡上绵延伸展，就像附近山丘上裸露出的、苍老的岩石。建筑主体的外墙采用米黄色的砂浆抹面，配以木质的线脚，同样朴实，但是刻意地少了几分原始蛮荒的力量。1925年失火后，赖特借再次重建的机会，在就餐区的上面加建了二层空间。屋顶下朝着三个方向的高窗，带来更多的自然采光和通风。

在塔里埃森，赖特第一次尝试把就餐区彻底融入起居室，而不再设置封闭的餐厅。塔里埃森就餐区的家具，有一个演变的过程。通过刊登在杂志上的照片，我们可以知道，建成不久后使用的餐椅，是矮而宽的平板靠背和无靠背的坐凳。从20世纪30年代起，换成了靠背形状高直和圆筒状的餐椅，围绕着黑色台面的餐桌，一直沿用至今。塔里埃森的其他空间里，赖特设计的固定式坐凳、桌子、椅子、灯具，和购买的成品软垫椅子、舒适简洁的靠榻和谐共生。

室内各处点缀的装饰物品，都是赖特本人精心挑选和摆放的结果。从他早年的事业起步期，赖特就对东方的传统美学抱有深切的认同感。他相信，古代东方的这些雕刻、绘画、漆器、陶器、织物和地毯，具有静谧深沉的美，真实地显露着材质的魅力，而这些正是他自己的建筑所要追求的目标。他如饥似渴

左下图：塔里埃森Ⅱ的就餐区，约1917年
右下图：塔里埃森Ⅲ起居室里的就餐区，约1929年
对页：塔里埃森Ⅲ起居室里的就餐区，1952年

地收集这样的物品——"如果你的目光在某件装饰物上自然地停留，那么它显然能给你的生活带来乐趣。"

在塔里埃森，古老的瓷器与漆器摆放在桌子上、隔板上。图案多样的东方织毯，铺在房间地板上或者搭在椅子上。色彩亮丽、金叶闪烁的日本古代的屏风，固定在各处的墙面上。色彩丰富的织锦，用作帘幕和灯罩，也被当作桌布或者遮盖钢琴。还有好几件佛像，优雅地立在台面上，让空间显得更幽静神秘。1925年火灾中毁坏的一些中国唐代、宋代的佛像残片，都当成石块砌进重建的石墙。赖特相信，所有这些物品都是来自遥远时代的信使，"石像或者画面上的人物，总是投来饱含亲情的微笑。"

塔里埃森 II 时期朝向室外露台的门廊，只是一片壁龛似的小空间，塔里埃森 III 把这里加以扩建，而20世纪50年代的再次扩建，让这里成为今天看到的样子：一个宽敞独立的小天地。推开玻璃门，走上露台可以俯瞰下面的水景花园，远眺起伏的山林。由于椅子和靠榻都采用鲜艳的蓝色布面，这个小空间被称作"蓝色门廊"（Blue Loggia）。墙上固定着一幅近三米高的中国传统山水画立轴，嵌在深色柏木板的画框里。一件蓝白相间图案的中国地毯，也从工作室移到了这里。

赖特设计的几乎所有住宅里，都不会缺少属于音乐的空间。塔里埃森的几处会客空间里，都摆放着三角钢琴。高大的起居室里，德国进口的贝希斯坦牌①三角钢琴和一架竖琴、一把鲁特琴相邻为伴。赖特的音乐家朋友们，时常坐在他设计的凳子上，弹奏或者为演唱伴奏，当中还有赖特设计的一个造型古怪的曲谱架。

在这个超凡脱俗的空间里，日常的生活内容似乎也经过舞蹈动作的编排，产生了强烈的仪式性。以就餐为例，在时常出现斯波德②牌瓷器的餐桌上，食物如何摆放和分盛都是一种设计，更不用说各个房间里，随季节变化而搭配的鲜花、青草或松树枝。在塔里埃森，没有任何一个生活细节，因为太琐碎而不值得倾注设计。

①贝希斯坦（Bechstein），是创建于1853年的德国高端钢琴品牌。
②斯波德（Spode），是创建于1767年的英国高端瓷器品牌。

对页：塔里埃森 III 的客人卧室，床头上方是固定于墙壁的日本屏风
左图：塔里埃森 II 的起居室，陈设包含众多亚洲的文化元素，约1917年

上图：起居室里的就餐区，为"展翅"住宅（1937年）设计的扶手椅
对页：起居室里的壁炉和来自中国的铁质观音菩萨像

对页：从粉色门廊（因墙面用粉色涂料而得名）看花园厅

左上图：粉色门廊里的坐榻和墙上的隔板架

右上图：为橡树园的赫特利住宅（1902年）设计的扶手椅、层叠模块构成的落地灯。羽管键琴后面，是固定在墙上的中国古代12扇屏风

右图：为赫特利住宅图书馆设计的桌子，和1950年赖特设计的椅子

上图：赖特的卧室
下图：赖特的书房
对页：客人卧室

赖特自用的绘图室，奇迹般在1914年和1925年的两次火灾中幸存。

山坡学校改建而成的学徒会工作室，木结构形成抽象的"树林"，承重功能与装饰合二为一。

对页与上图：山坡学校里的餐厅，天花板上垂下的吊灯、餐桌与椅子，都是专门设计的
下图：从二层的阳台看餐厅

山坡学校里的小剧场。1952年失火被毁之后，由赖特重新设计，包括新的舞台大幕。

幕布的图案，是高度抽象的威斯康星州的自然景观，由塔里埃森的学徒们现场制作。

西塔里埃森

亚利桑那州，1937-1959年

上图：学徒会工作室与迎客平台
左下图：花园厅可以压低的入口
右下图：花园厅，1940年
对页左图：花园厅，约1946年
对页右图：花园厅，约1940年

为了逃避威斯康星州严酷多雪的冬季，同时也为塔里埃森节省数目可观的采暖开销，赖特在亚利桑那州的沙漠里购买了一大片荒地。这里远离城镇，鲜有人迹。一开始只是临时搭建的简易营地，从1937年开始，赖特指挥学徒们建起了永久性的建筑，赖特和学徒会每年都像候鸟一样，迁徙至此过冬。

西塔里埃森最初建造用的材料，是木材、帆布和沙漠里就近找到的石块。在阳光普照、景色雄奇的山野中，它刻意要保持一种神秘的氛围，好像是出现在古代文明遗址上的一座帐篷。当时的赖特能拿出的经费非常有限，但是荒野里天然的材料却取之不尽。从山上拉回来的大石块、从河岸运回来的沙子，组成了图案斑驳的实墙——赖特称之为"沙漠乱石墙"。

那些巨大的天然石块，难以像通常切削后的建材石块那样垒砌。赖特注意到，许多形状不规则的大石块都有某一个相对平整的面。施工过程中，让这个较为平整的面抵住竖起的木模板，然后浇灌水泥包裹住大石块，建成厚重的主要墙体。乱石墙的表面，勾画出沙漠的粗粝和硬朗。表面涂成红色的木梁，略微倾斜地架在厚实的石墙上，呼应远处群山起伏的轮廓线。木梁之间铺起白色的帆布，形成沙漠气候下特有的屋顶形式。

西塔里埃森是一场始终在修改的试验。建成之后的几年里，轻巧的木框架取代了某些沙漠乱石墙，木柱之间可以安装更多白色帆布，利于自然采光。另一个显著影响室内空间的改动，是安装玻璃。起居室的三面和高窗都安装了玻璃。清晨低斜的直射阳光会照进屋里，而中午的室内充满了被白色帆布柔化之后的阳光。

赖特在他的《自传》里，对亚利桑那州的独特气质不吝溢美之词："它呼唤着属于自己的、热爱这片空间的建筑。直线和平面仍将是我创作的语言，然而在这里，直线应当变身为不连贯的虚线，舒展的平面应当拥有肌理。因为，在震撼人心的沙漠里，找不到一条生硬笔挺的直线。"亚利桑那州的沙漠和无时不在的阳光，带给赖特新的灵感。截面两英寸（约五厘米）见方的木椽子，沿着一道道横梁遍布于整座建筑，让阳光用影子画出有节奏感的"虚线"。白色帆布下的红色木梁，像日晷的指针，在石墙上画出一天当中的时间推移。在西塔里埃森，光与影一如既往是赖特的重要工具，更重要的是，它们在沙漠里成为各个

建筑构件之间重要的"黏合剂"。

虽然是持续加建而来的几个不同区域组成，西塔里埃森无疑是一个特征鲜明的整体。各个区域以学徒会工作室为核心，向外绵延生长，通过露台、连廊和庭院相互联系。它就像沙漠里野营的一组"帐篷"，室内和露天的活动占有同等的重要性。在最初的几年，你很难区分哪里是室内，哪里是室外。随着不断地改建，如今这里的室内外界限已经变得很清晰，但是最重要的起居空间和工作空间，仍保持着室内外之间的流动交融。

西塔里埃森整体的粗犷气质，丝毫不妨碍赖特一如既往地调遣各种精致的装饰——它们是他的生活和作品中如影随形的伴侣。大起居室被命名为"花园厅"（Garden Room），在那里出现的第一件家具是三角钢琴，足见音乐在赖特的生活中意味着什么。花园厅里先后登场的家具，包括拉尔夫·雷普森[1]设计的椅子（靠背上搭着羊皮）、做工质朴的红木和藤编矮凳。

除了固定于墙上的长凳，其他的许多椅子基本上都是在市场上选购的成品，风格各异，琳琅满目。一个重要的特例，是四十年代末赖特专为西塔里埃森设计的扶手椅，也被称作"折纸椅子"（Origami Chair），因为它神似传统的日本折纸。它像一个微型建筑那样，体型饱满硬朗，并且令人颇感意外的是，坐上去非常舒服。

在赖特生命的最后几年里，他通常会在星期天像牧师布道那样，向学徒们随性地发表讲话，设计的内容包罗万象。1954年夏天的一次星期天讲话中，赖特特意提到这种椅子："椅子是一个始终困扰着我的问题。我不知道为什么，大自然造就了人凭着双腿直立起来，却又让人时常盘起腿，同时背部需要有东西可依靠。以我看，人只有挺拔地站着，才有魅力和尊严。一旦坐下来，人就变得不值一看……。我尝试着设计一种椅子，让人坐上去，还能保持优雅的姿态。"

白色的长纤维羊毛毯和靠枕点缀着椅子和长凳，花色繁多的靠枕面料是利贝斯的设计。新墨西哥州印第安人制作的传统陶器，和产自墨西哥的蓝绿色玻璃器皿，相得益彰。亚洲的传统艺术品，不及在塔里埃森那样醒目，但是也有它们的一席之地。中国民间戏曲人物的瓷像，点缀在各处的墙上。从西塔里埃森刚刚建成之日起，一尊石质的弥勒佛坐像，就安详地呵护着就餐区，1946年，花园厅里又增加了两件明代的花瓶。

赖特自己这样形容西塔里埃森："在这里，你能看到世界的边缘"。在这里，自然界最原始的产物、古代文明的结晶和现代人的美学，三者融为一体。建筑和景观之间的界限，近乎消失。

在选址、建筑材料和施工方式各个方面，两个塔里埃森可谓截然不同的两个极端。然而，真正理解赖特的作品的人，就会发现它们产生于相同的建筑原则。在两个塔里埃森，赖特独有的法术同样无处不在。两个塔里埃森，从古代的游吟诗人塔里埃森那里，继承了凯尔特人的文化精神和独特的名字，它们的建筑和景观都是不分彼此的整体。由于它们不受业主的口味和施工期限的束缚，赖特能够彻底自如地发挥他的创造力。正如赖特的导师沙利文对他的评价那样："天才的头脑，得以把理想与现实交织成一幅图案。"

[1]拉尔夫·雷普森（Ralph Rapson, 1914-2008），美国建筑师，长期生活在明尼苏达州并任教于明尼苏达大学建筑系。

上图及下图：花园厅
对页：花园厅的入口

上图：小剧场入口处的佛头装饰
对页：花园大厅的夜景

上图：绘图室的壁炉
对页：紧邻花园厅的就餐空间

对页、上图及下图：音乐厅最初用于表演，目前也用于讲座与展览

上图及对页：小剧场目前仍延续赖特生前留下的惯例，每逢星期六在此聚餐和放映电影

结语

1940年，在纽约的现代艺术博物馆（Museum of Modern Art），举办了赖特的个人作品展，题为《终结一切展览的展览》（The Show Ends All Shows）。密斯特意为此次展览撰文："赖特创造的建筑世界里，充满了令人惊叹的力量、清晰的建筑语言，和与众不同的丰富形式。"

1957年，九十高龄的赖特接受著名记者麦克·华莱士（Mike Wallace）的电视专访。他说道：假如再给他15年，他就能改变美国的面貌。数十年来，他凭着传教士一般的坚韧，四处传播有机建筑的福音。他非常自信，假以时日，他就能让更多人听到，并且追随他信仰的建筑哲学。赖特没有足够的寿命来完成这宏大的事业，然而他留下的建筑作品和思想，仍在影响后来的一代又一代建筑师和热情改造社会的人，因为这些作品和思想的初衷，是造福所有美国人，因为它们具有深刻的人性关怀、对自然世界的尊敬以及不可思议的美。

建筑评论家保罗·戈登伯格，把赖特称为二十世纪建筑界的高峰。除了源源不断的独创手法、作品集里多种多样的个人风格，赖特的另一个非凡成就是，早在"可持续性"[①]的概念引起世人关注之前，他的作品就在许多方面体现了可持续的世界观。

二十一世纪初是一个前所未有的严峻时刻，面对未来几十年迅猛增长的全球人口，需要为数以千万计的人提供适当的居住环境，我们不得不冷静地思考应当如何生活、今天的决定和选择将如何影响未来的世代。具体而言，我们需要用批判性眼光，审视身边已有的建筑环境。理想的建筑不仅具有物质方面的可持续性，并且能够滋养人们的灵魂。

赖特的毕生目标，正是重新塑造人们生活的建筑环境。他持续不断地探索新的建造方式和建筑材料。他创造的新的空间形式，是为了每一个独立的人的精神发展，增添生活中的仪式感和图案感，鼓励人们用新的目光观察周围的环境。所有这些，都值得今天的人们关注。赖特的作品证明了，一位有才华的建筑师如何让建筑唤起使用者的精神觉醒，把他们带入激情和想象力的世界。

[①] "可持续性"（Sustainability），是1980年联合国发表的《世界自然保护大纲》（World Conservation Strategy）中首次明确地提出。1987年世界环境与发展委员会（WCED）发表了报告《我们共同的未来》，对"可持续发展"概念做出系统的阐述，开始产生了泛的影响。

对页：建筑师阿伦·格林（Aaron Green，1917-2001）在旧金山的办公室，1952年建成。格林曾在赖特的塔里埃森学徒会的成员。他独立开业后的事务所办公室，也是赖特造访旧金山时的临时办公室。
后页：塔里埃森花园厅的窗外

附录

美国建筑师协会（American Institute of Architects）认定的最重要的17座赖特作品
（以建成时间为序）

1 橡树园家与工作室（Oak Park Home and Studio，1889），伊利诺依州
2 温斯洛住宅（William H. Winslow House，1893），伊利诺依州
3 威利茨住宅（Ward Willits House，1903），伊利诺依州
4 统一教堂（Unity Church，1908），伊利诺依州
5 罗比住宅（Frederick Robie House，1910），Chicago，伊利诺依州
6 蜀葵住宅（Hollyhock House，1921），加利福尼亚州
7 塔里埃森（Taliesin，1914），威斯康星州
8 流水别墅（Fallingwater，1937），宾夕法尼亚州
9 汉纳住宅（Hanna House，1937），加利福尼亚州
10 约翰逊制蜡公司办公楼（Johnson Administration Building，1937），威斯康星州
11 西塔里埃森（Taliesin West，1937），亚利桑那州
12 莫里斯礼品商店（Morris Gift Shop，1948），加利福尼亚州
13 约翰逊制蜡公司试验楼（Johnson Research Tower，1950），威斯康星州
14 唯一神派会堂（Unitarian Meeting House，1951），威斯康星州
15 普莱斯公司办公楼（Price Company Tower，1956），俄克拉荷马州
16 拜思绍罗姆犹太教堂（Beth Sholom Synagogue，1959），宾夕法尼亚州
17 古根海姆博物馆（Solomon Guggenheim Museum，1959），纽约州

美国政府2008年递交联合国教科文组织，申请世界文化遗产的11座赖特作品

以建成时间为序（由于2017年美国政府退出联合国教科文组织，赖特作品的申遗程序暂时被搁置）

1　统一教堂（Unity Church，1908），伊利诺依州
2　罗比住宅（Frederick Robie House，1910），Chicago，伊利诺依州
3　蜀葵住宅（Hollyhock House，1921），加利福尼亚州
4　塔里埃森（Taliesin，1914），威斯康星州
5　流水别墅（Fallingwater，1937），宾夕法尼亚州
6　第一雅各布斯住宅（First Herbert Jacobs House，1937），威斯康星州
7　约翰逊制蜡公司办公楼（Johnson Administration Building & Research Tower，1937，1950），威斯康星州
8　西塔里埃森（Taliesin West，1937），亚利桑那州
9　普莱斯公司办公楼（Price Company Tower，1956），俄克拉荷马州
10　古根海姆博物馆（Solomon Guggenheim Museum，1959），纽约州
11　马林县行政中心（Marin County Civic Center，1969），加利福尼亚州

赖特生平年表

1844年，赖特的外祖父理查德·劳埃德-琼斯，携全家从英国的威尔士移民美国。

1865年，赖特的母亲安娜与其父亲威廉·罗素·赖特结婚。

1867年6月8日，弗兰克·林肯·赖特生于威斯康星州的里奇兰。

1869年，全家迁往艾奥瓦州的麦克格里格。

1874年，全家迁往马萨诸塞州的威茅斯。

1878年，全家迁回威斯康星州的麦迪逊，从该年夏天起在詹姆斯舅舅的农场帮工。

1885年，父母离婚。更名为"弗兰克·劳埃德·赖特"。

1886年，开始读于威斯康星大学结构工程系。

1887年，独自来到芝加哥，进入斯尔思比事务所。

1888年，进入艾德勒与沙利文事务所。

1892年，离开艾德勒与沙利文事务所。

1893年，独立开业。

1905年，第一次赴日本旅行，从此开始收集浮世绘。

1911年，开始建造威斯康星州的塔里埃森。

1915-1922年，数次往返美国与日本之间，设计东京帝国饭店（1968年拆毁，门厅及水池移至名古屋市郊的明治村）。

1923年9月1日，帝国饭店开业典礼，同日发生关东大地震。

1923年，混凝土砌块住宅"微雕"（梅拉德住宅）建成。

1925年，塔里埃森第二次失火。

1932年，《一部自传》首次出版。

1932年，创办塔里埃森学徒会。

1937年，开始在亚利桑那州建造西塔里埃森；流水别墅建成。

1939年，约翰逊制蜡公司大楼建成。

1941年，被授予英国皇家建筑师协会金奖。

1943年，扩充后的《一部自传》出版。

1949年，被授予美国建筑师协会金奖。

1959年5月9日，病逝于亚利桑那州的西塔里埃森。遗体被运回威斯康星州，葬于劳埃德-琼斯家族墓地。

1959年10月，纽约古根海姆博物馆正式建成开放。

1966年，美国邮政发行面值2美分的邮票，图案为赖特头像及纽约古根海姆博物馆。

致谢

Special thanks to Bruce Brooks Pfeiffer, Suzette Lucas, and Douglas Curran; Regina Albanese, Mary Ann Langston, Doug Carr, Frank Marchant, and Justin Blanford of the Dana-Thomas House Foundation; Mary Roberts and Susana Tejada of the Martin House Restoration Corporation; Jeffrey Herr of Hollyhock House; Don Dekker and Shirley Arrigo of the Meyer May House and Kay Bowman at Steelcase; Yoshio Futagawa, GA Photographers; Rebecca Price, Art, Architecture & Engineering Library, University of Michigan; Oskar Muñoz; Kathryn Smith; Jack Quinan; Randy Henning; and Dan Watson. The work of many Wright scholars was consulted in the course of preparing the manuscript. There is not space to acknowledge them individually, but a deep debt is owed to many.

—M. S.

图片声明

Photography unless otherwise noted here or on the copyright page (p. 4) are © 2014 Alan Weintraub/Arcaid@arcaid.co.uk.

Endpapers: Frank Lloyd Wright Foundation Archives (Museum of Modern Art | Avery Architectural & Fine Arts Library, Columbia University. All rights reserved.)

16-17: Photograph by Doug Carr, courtesy of the Illinois Historic Preservation Agency

18-19: Frank Lloyd Wright Foundation Archives (Museum of Modern Art | Avery Architectural & Fine Arts Library, Columbia University. All rights reserved.)

21, 22-23: Photographs by Doug Carr, courtesy of the Illinois Historic Preservation Agency

24: Courtesy Steelcase Inc.

25: Image copyright © the Metropolitan Museum of Art. Image source: Art Resource, New York

28-29: Photographs by Doug Carr, courtesy of the Illinois Historic Preservation Agency.

31: Chicago History Museum, HB-04414-M; Hedrich-Blessing, photographer

32: Frank Lloyd Wright Foundation Archives (Museum of Modern Art | Avery Architectural & Fine Arts Library, Columbia University. All rights reserved.)

32-33: © 2014 Pedro E. Guerrero

34: Frank Lloyd Wright Foundation Archives (Museum of Modern Art | Avery Architectural & Fine Arts Library, Columbia University. All rights reserved.)

40-41: Photograph by Doug Carr, courtesy of the Illinois Historic Preservation Agency

57 (l): Biff Henrich / IMG_INK, courtesy Martin House Restoration Corporation

57 (r): Photograph © 2014 courtesy The David and Alfred Smart Museum of Art, The University of Chicago

58-59: Biff Henrich / IMG_INK, courtesy Martin House Restoration Corporation

63 (l & c): Biff Henrich / IMG_INK, courtesy Martin House Restoration Corporation

63 (r): Photograph by Doug Carr, courtesy of the Illinois Historic Preservation Agency

64-65: Biff Henrich / IMG_INK, courtesy Martin House Restoration Corporation

66-73: Photograph by Doug Carr, courtesy of the Illinois Historic Preservation Agency

75-77: Biff Henrich / IMG_INK, courtesy Martin House Restoration Corporation

78-79, 83: Archival photos by Henry Fuermann. Frank Lloyd Wright Foundation Archives (Museum of Modern Art | Avery Architectural & Fine Arts Library, Columbia University. All rights reserved.)

82: Archival photos by Henry Fuermann. Courtesy the Art, Architecture & Engineering Library Special Collections, University of Michigan.

86 (b)-89: Photos Courtesy Steelcase, Inc.

144-145: Photo by Yukio Futagawa, GA Photographers

146-147: Photo by Larry Underhill

148 (l): Courtesy Brian A. Spencer, Architect

148 (t), 149-152: Frank Lloyd Wright Foundation Archives (Museum of Modern Art | Avery Architectural & Fine Arts Library, Columbia University. All rights reserved.)

153: Photo by Yukio Futagawa, GA Photographers

154-156: Frank Lloyd Wright Foundation Archives (Museum of Modern Art | Avery Architectural & Fine Arts Library, Columbia University. All rights reserved.)

157: Courtesy Randolph C. Henning

158 (a): Frank Lloyd Wright Foundation Archives (Museum of Modern Art | Avery Architectural & Fine Arts Library, Columbia University. All rights reserved.)

158-159: Photo by Yukio Futagawa, GA Photographers

161-163: © Larry Underhill

165 (t): Photo by Greg Brehm

165 (b, l&r): © Larry Underhill

168-169: Photos Scott Mayoral/Central Meridian Photography

288 (b), 289-291: © 2014 Pedro E. Guerrero

著作权合同登记图字：01-2018-4950号

图书在版编目（CIP）数据

赖特的室内设计与装饰艺术 ／（美）玛格·斯蒂普撰文；杨鹏译. —
北京：中国建筑工业出版社，2018.10
ISBN 978-7-112-22711-2

Ⅰ.①赖… Ⅱ.①玛… ②杨… Ⅲ.①室内装饰设计 Ⅳ.①TU238

中国版本图书馆CIP数据核字（2018）第215309号

责任编辑：段　宁　戴　静
责任校对：芦欣甜

赖特的室内设计与装饰艺术
［美］艾伦·维恩特劳伯　摄影/玛格·斯蒂普　撰文/戴维·A·汉克斯　前言
杨鹏　译
*
中国建筑工业出版社出版、发行（北京海淀三里河路9号）
各地新华书店、建筑书店经销
北京锋尚制版有限公司制版
天津图文方嘉印刷有限公司印刷
*
开本：889×1194毫米　1/20　印张：17　字数：640千字
2019年3月第一版　2019年3月第一次印刷
定价：268.00元
ISBN 978-7-112-22711-2
（31555）